土寄せ・追肥・掘り取りいらず！

ジャガイモの超浅植え黒マルチ栽培

福井県・三上貞子さん

種イモが埋まる程度に浅く植え付け、黒マルチをかけたら、追肥も土寄せもしない。収穫は拾うだけ。このジャガイモの超浅植え栽培を考案したのは三上貞子さん（83歳）。「このへんでもやる人が増えてますよ」というそのやり方を見せていただいた。

現代農業2013年3月号　ジャガイモの超浅植え栽培

ジャガイモを拾う三上さん

植え付けるだけ

条間30㎝、株間40㎝に種イモを並べる

➡3月中旬、幅2mのウネに種イモを並べていく。5条植え

イモが埋まるくらいに穴を掘って植える

⬅種イモの大きさ分の穴を手で掘って植え付け。種イモは切らなくていいように小さめのものを選ぶ

二番目の芽

頂芽

2㎝くらい土をかけたら、ソバ殻をひとつかみ

⬇植えた位置がわかるようにソバ殻（モミガラでも可）を種イモの上にのせる

頂芽を下向きに

⬆「頂芽は数が多いぶん茎が細い。そこで頂芽を下にして、芽が出るのを遅らせ、二番手の芽を育てる。太い茎が一本出て、イモがたくさんつくみたい。長男はおっとり大人しいけど、次男は活発なのと同じだと思ってるの（笑）」

イモが埋まるくらいに

株間にボカシ肥をお椀一杯分

➡ボカシ肥はじっくり効くので肥料はこれだけで十分。追肥不要

黒マルチをかける

⬅黒マルチをかけたら定植完了

2～3週間後、マルチに穴をあける

マルチに切り込みを入れて、伸びてきた芽を外に出す。土をマルチの切れ目にひとつかみかけて、マルチの隙間から光と風が入るのを防ぐ

しているときに収穫する

収穫は早めに

➡超浅植えのジャガイモは地上部の葉が枯れてマルチに直射日光が当たると青イモになりやすい。収穫はまだ葉が青々としているうちに

ジャガイモの実がついたら収穫の合図

⬅三上さんのつくるキタアカリは成熟すると、花が咲いたあとに小さな実がつく。福井では6月半ば

地上部は刈り取り、マルチをはぐ

➡まだ青い茎葉を鎌で刈り取り、マルチをめくると…

葉が青々と

拾うだけ！

➡株元の地表面にゴロゴロとジャガイモが転がっている。鍬で掘り起こす必要はなく、手で拾うだけでいい

ジャガイモに土寄せする頃は田んぼが忙しいから、このやり方はとっても助かるって喜ばれてます

※三上さんの超浅植えジャガイモ栽培のやり方を動画で見ることができるDVD発売！全国の直売所名人のワザを集結。「直売所名人が教える　野菜づくりのコツと裏ワザ」（全2巻1万5000円＋税）。

穴底植え＋マルチでスイートコーンを一ヵ月早出し

宮城県・佐藤民夫さん（編集部／撮影：田中康弘）

▲約2町歩の減反田でスイートコーンをつくり、すべて直売所で売り切ってしまう佐藤民夫さん（57歳）。東北では霜の心配がなくなる5月下旬に定植するのが普通だが、佐藤さんはなんと4月中旬に植えてしまう。そして、誰も出せない7月4日に初収穫！

▲皮つき、皮むきの両方を袋に詰めて出荷。「生でも食べられます」のシールを貼った袋に5本入りで、だいたい500円で販売している

▶直売所。開店と同時にお客さんが殺到する

現代農業2009年３月号
穴底植え＋マルチで
スイートコーンを１ヵ月早出し

播種・育苗は3月から

◀128穴のセルトレイ。手まきだと3分近くかかるが、タネまき器を使えば1枚まくのに、たった4秒！

▶覆土したら電熱マットに置いて水をかけ、新聞紙をかける。その上にセルトレイを逆さまに載せると保温になるのか発芽率が2～3割アップする

▼早まきだと、セルトレイの端は発芽しにくいが、おかげできれいに揃った

▶主な品種は４つ。1回目のタネまきは3月16日からで1～2週間おきに6月までまく。年間11万本つくるが、それでも足りないほど

寒さに強い穴底植え

▲高さ30㎝のウネを立てた後、野菜の移植器を使って苗を植えていく。その上に透明マルチを屋根のようにかけていく

▼移植器に苗を入れ、ズボッと挿して植えていく

ベッドを少し崩して見せてもらうと、15㎝ほどの苗がスッポリ入る深さだった

マルチで保温

▲日中、暑さで苗が焼けないように、定植したらすぐにカッターでマルチに切り込みを入れる

▲切り込み場所は２つ。夜の冷気が直接あたらないよう苗の真上にはあけない。時期にもよるが10～15日して苗がマルチを押し上げて横に広がってきたら、邪魔にならないように裂いてやる

◀お邪魔した4月下旬、外気温は9度。でも、マルチをかけた穴底ベッド下の地温は16度もあった

4月26日

▲マルチをかけただけのように見えるが、すでに定植は終わっている。苗はマルチ下の穴底で寒さにやられずに育つ

▼上のトウモロコシが順調に育ち、7月はじめに初収穫。まわりの人が出荷し始めるのは8月に入ってからだから、1ヵ月は早いことになる

7月4日

マルチの鏡面仕上げなら害虫は寄り付かない

福島県・東山広幸さん（編集部）

▲東山さんの笑顔が映り込むほどぴーんと張ったマルチ。鏡面仕上げと呼んでいるマルチの張り方をすると、保温効果や草抑えの効果だけでなく、害虫の被害を圧倒的に抑えることができる。東山さん曰く「マルチを水面と勘違いして寄ってこないんじゃないかと思ってます。だからトンボが卵を産み付けたりもします」

現代農業2014年3月号
害虫が寄らない鏡面仕上げと雑草が生えない全面マルチ

▶こんなシワシワでは、害虫を防ぐことはできない

マルチをピンと張るコツ

①ウネ立て後に鎮圧すること
②晴れた日、暖かい日中に張ること

石が多い畑なので、マルチを張る前にまず鎮圧。ウネをならしたら、トンボで叩いていく

マルチを押さえる鍬さばきにもコツ。マルチの端に2回土をのせたら、足を移動させながら鍬の刃に体重をかけてギュッ。マルチ張りは晴れた日の日中が鉄則

透明マルチで太陽熱処理＋ネットトンネルで害虫をシャットアウト

近畿中国四国農業研究センター　熊倉裕史

太陽熱処理をしているところ

鉄パイプと砂入りチューブで裾をおさえる

葉物の生育も順調

元肥を施肥し、ウネ立てまで終えてから、ビニールまたは透明マルチをウネ全面にピッタリとかぶせて太陽熱処理をする。黒ポリマルチをかぶせるより、古ビニールでよいので、透明のものを使う方が効果がある。かぶせる前に、ウネに十分かん水して（降雨を待って）、土の深いところまで水分を含ませることが大事。

処理期間は二〇日は必要で、日射しが強いほど効果が高いので、梅雨前のまとまった晴れの期間、梅雨明けから九月までの期間を有効に利用する。

処理を終えたら、あまり土を動かさないように播種や定植をし、そのあとただちに、防虫ネットやべたがけ資材でトンネル被覆する。目合いは〇・六㎜を推奨。風通しが若干悪くなるので、通常より株間をやや広くとるとよい。

現代農業二〇一〇年六月号
間引き菜収穫にもおすすめ　太陽熱処理＋ネットトンネル

太陽熱処理で退治できる害虫

雑草が大幅に減ることが最大の効果だが、同時に土の中の害虫の卵、幼虫、さなぎを殺すことができる。

さらに、土の深いところまで温度を十分に上げることができれば、病原菌にも効果がある。葉菜類の立枯病のほか、根こぶ病、白絹病などに有効

ヨトウムシ

ネキリムシ類

キスジノミハムシ

カブラハバチ

ネットトンネル

無被覆

収穫したカブの比較

無被覆では、キスジノミハムシの幼虫の食害があるが、太陽熱処理＋ネットトンネルでは被害が出ていない

不織布でラクラク
簡易トンネル

福島県・東山広幸

設置もラク、管理もラクな不織布トンネル。端をところどころ固定するだけで、ピンと張らないほうが風を受け流せる

支柱はほぼ平行だが、作物が隠れる程度の幅に、少し斜めに立てる。ウネ全体を覆う必要はない

不織布トンネルの中の様子。弱い霜ならこれで十分。ビニールトンネルと違って、がっちりした生育になる

カボチャやズッキーニなどの定植直後、苗を風や遅霜から守るために、不織布でトンネルをかける。カボチャにしてもズッキーニにしても、苗の間だけ守ってやればいいわけで、不織布トンネルで十分。弱い霜ならこれで防げるし、ビニールトンネルと違って換気の手間もなく、高温で軟弱に育ったりもしない。ビニールと不織布で収穫時期のちがいはせいぜい一週間程度。

設置方法は。まず、苗はべたがけ固定用のクシなどで、風に振り回されないようにおさえておく。ふつうのかけ方だと犬猫が上を歩いて穴を開けられるし、風にも弱い。そこで、ウネにほぼ平行に支柱を立ててトンネルをかける。ウネ全体を覆う必要はなく、作物だけが隠れる程度の幅、しかもあまり高くする必要はない。これで動物は上を歩けないし、風にも強くなる。トンネルは春の強風がおさまる頃には外す。

現代農業二〇一四年三月号
裏ワザ！　ラクラク不織布の簡易トンネル

マルチ&トンネルを、もっとラクに上手に使う

四季があり、雨がよく降るこの国で野菜をつくろうとすると、草や虫との戦いは避けて通れませんが、そんなときマルチやトンネルは強い味方です。うまく使えば、早出しができたり、防除や除草用の薬を減らしたりすることもできます。

マルチ　昔は稲・麦ワラ、ススキなどを敷いて作物の根元を覆いました。今でもこうした「敷ワラ」は行なわれますが、マルチといえば主流は塩加ビニルやポリエチレンなどのフィルムです。色も透明や黒、白、緑などさまざまあり、用途によって使い分けて、例えば透明マルチは地温上昇に、黒マルチは抑草などに効果があります。マルチはまたこれまで土中で分解しないのが難点でしたが、近年は、環境保護や省力化の観点から畑にすき込めば分解する（＝回収の手間が省ける）「生分解マルチ」の利用が広がっています。

トンネル　一方、ウネを作物ごとビニルやポリエチレンのフィルム、不織布などでトンネル状に覆う、まさに「トンネル」。収穫期を早めたり害虫や降雨を遮断したり、抽だいを防止したりして、こちらも農家の畑・菜園で大活躍です。

このようにあると便利なマルチとトンネルですが、張る手間や片付ける手間、トンネルではとくに生育管理で換気の手間が面倒だし、また経費もそれなりにかかるものです。そこで本書では、使えば便利なマルチ・トンネルをもっとラクに、そして安く使いこなせるコツや工夫を集めて特集しました。

イチゴハウスのマルチ張りが一人でできてしまう、その名も「一人マルチ張り器」、トンネルではよく悩まされる風に負けない技ありの「一本留め垂直バンド式」の張り方、またより安く、かつ効果的なマルチ資材としては、米ヌカやタケの粉など身近な有機物を活用した例など、いずれも農家の実践によって確かめられた道具や工夫が満載です。水やり・施肥がラクラクのマルチに変身させる穴あけ器、黒マルチをかぶせるだけのジャガイモ栽培、自生ヨモギにトンネルをかけるだけで早どりできる裏ワザなど、農家だけでなく、家庭菜園を楽しむ人も使ってみたく・やってみたくなること請け合い。一つでも、これならできそう、やってみようというものを見つけていただけたら幸いです。

二〇一五年十一月　一般社団法人　農山漁村文化協会

目次

マルチ編

トンネル編

執筆者・取材先の情報（肩書き、所属など）については『現代農業』掲載時のものです

●品目別さくいん（50音順）

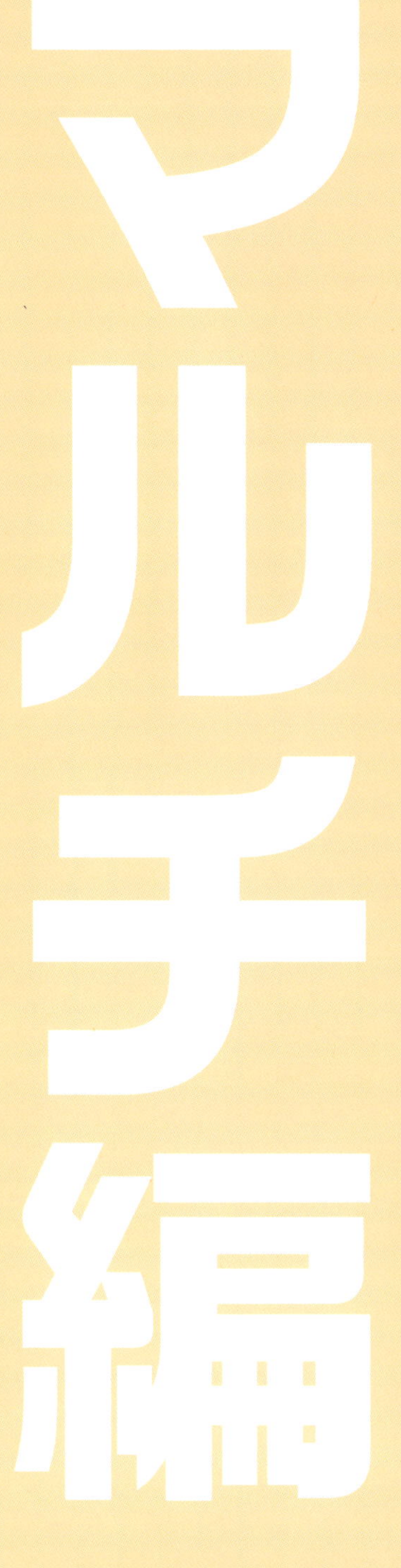
マルチ編

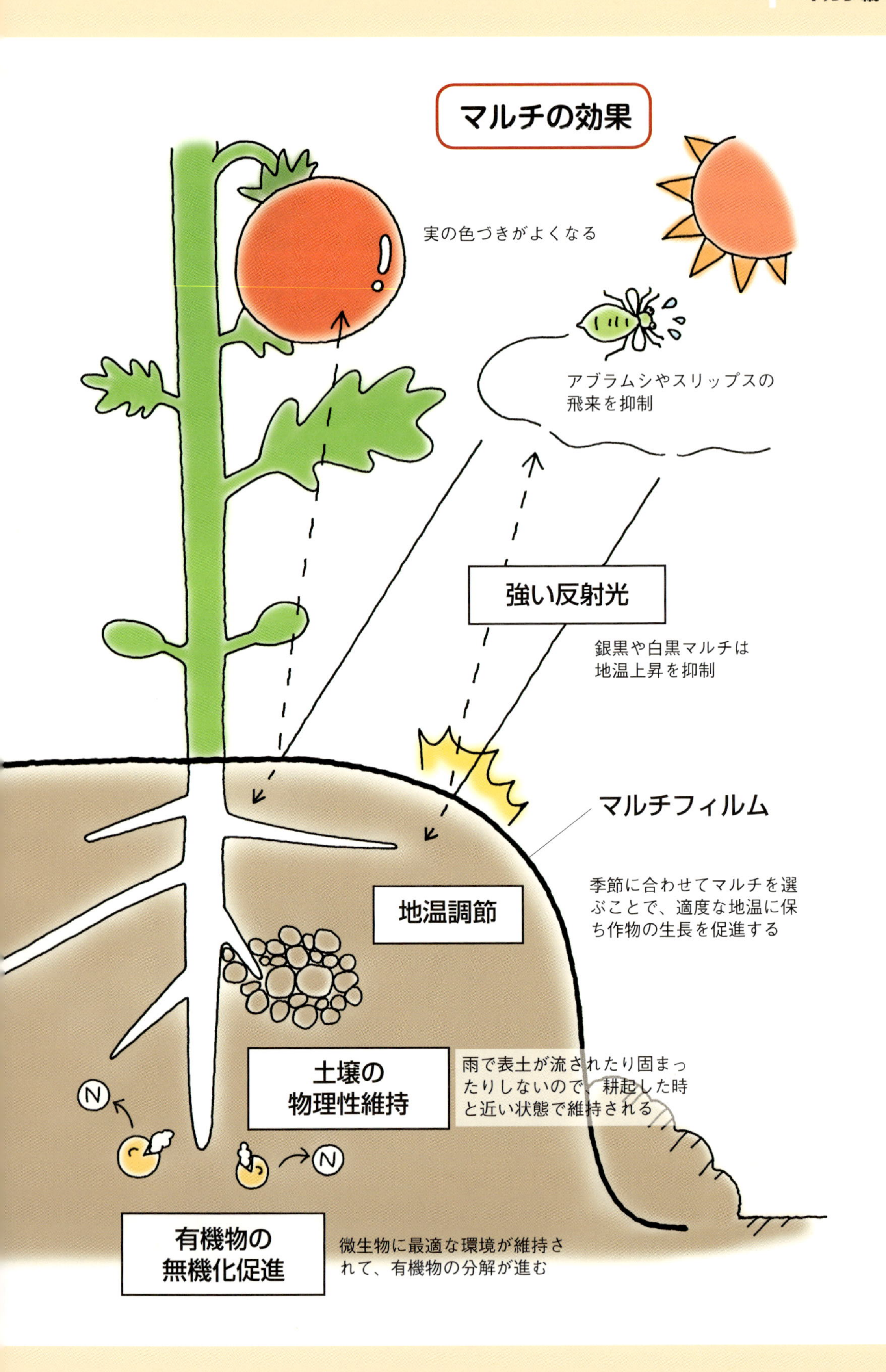
マルチの効果
実の色づきがよくなる
アブラムシやスリップスの
飛来を抑制
強い反射光
銀黒や白黒マルチは
地温上昇を抑制
マルチフィルム
季節に合わせてマルチを選
ぶことで、適度な地温に保
ち作物の生長を促進する
地温調節
土壌の
物理性維持
雨で表土が流されたり固まっ
たりしないので、耕起した時
と近い状態で維持される
N
N
有機物の
無機化促進
微生物に最適な環境が維持さ
れて、有機物の分解が進む

マルチの選び方と使い方

マルチ資材はいろいろある。作目や作型に合わせてもっと上手に使えたら、マルチはいいことがいっぱいだ。 **編集部**

協力：みかど化工㈱青木宏史さん　参考資料：農業技術大系・野菜編

上手なマルチの使い方

施肥　マルチ栽培では追肥がしにくく元肥重点になるが、施肥量が一度に多くならないように気をつける。肥料分が流亡しにくいので、施肥量は無マルチ栽培より２～３割減らせる。マルチの下では、微生物に最適な環境が維持されて有機物の分解が進む。地力の消耗につながるので堆肥など有機物も補充が必要。

張り方　土壌水分が少ない時にマルチを張ると、発芽と生育が不揃いになる。土壌が乾いている場合は雨が降ってからか、かん水してからマルチを張る。マルチとウネの間に隙間があると、植え穴から風が入ってバタつき作物を傷めたり、土が乾燥したりするので、隙間のないようピッタリ張る。

病気の防止

ハウスやトンネル栽培では空中湿度が低下して、灰色カビ病などの発生が抑えられる

抑草

黒、銀、白黒マルチは可視光線を遮断し、緑、紫マルチは光合成に役立つ光を通さないことで雑草を抑える

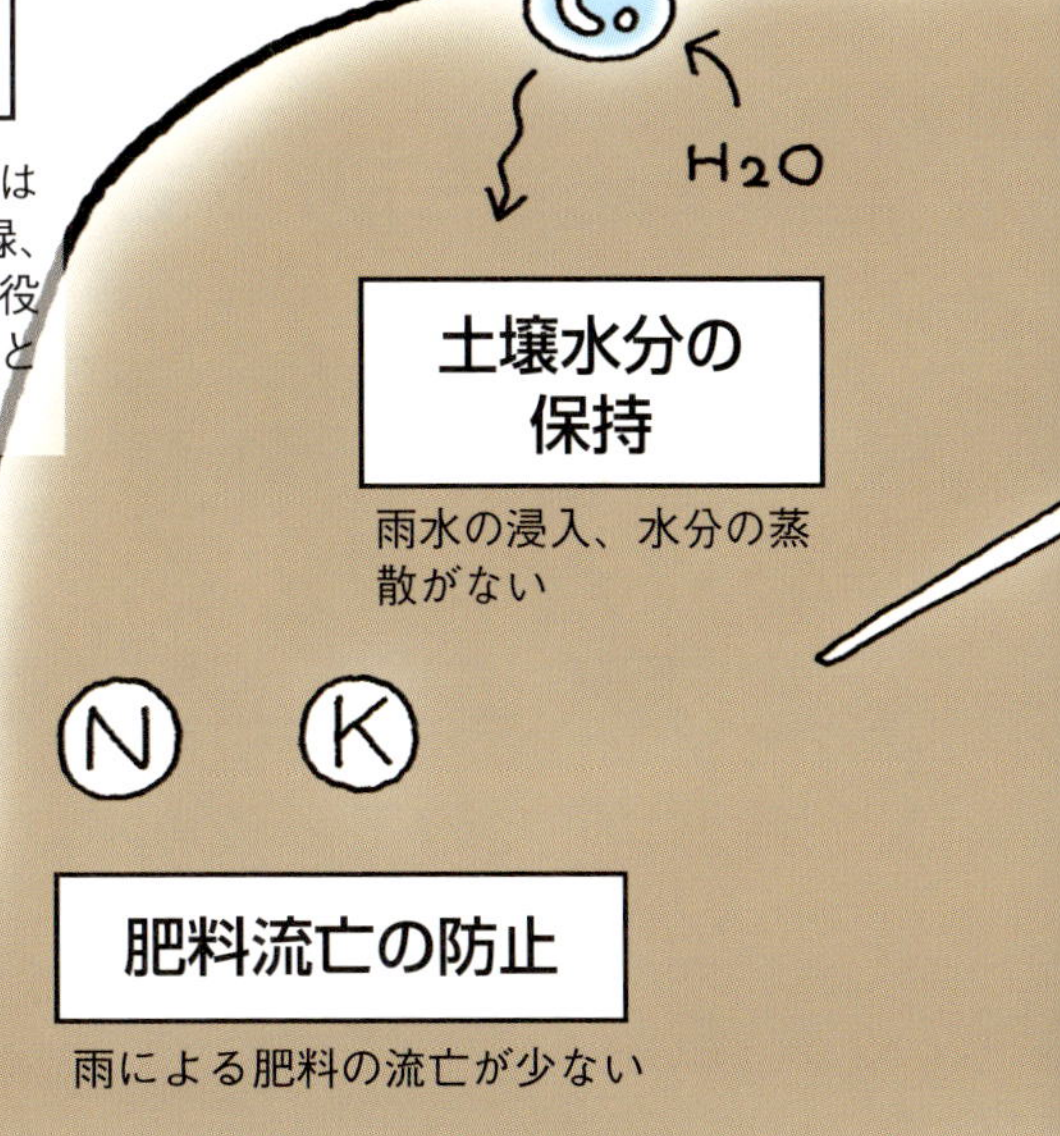

現代農業2011年5月号
マルチの選び方と使い方

進化する冷春・激夏対応マルチ

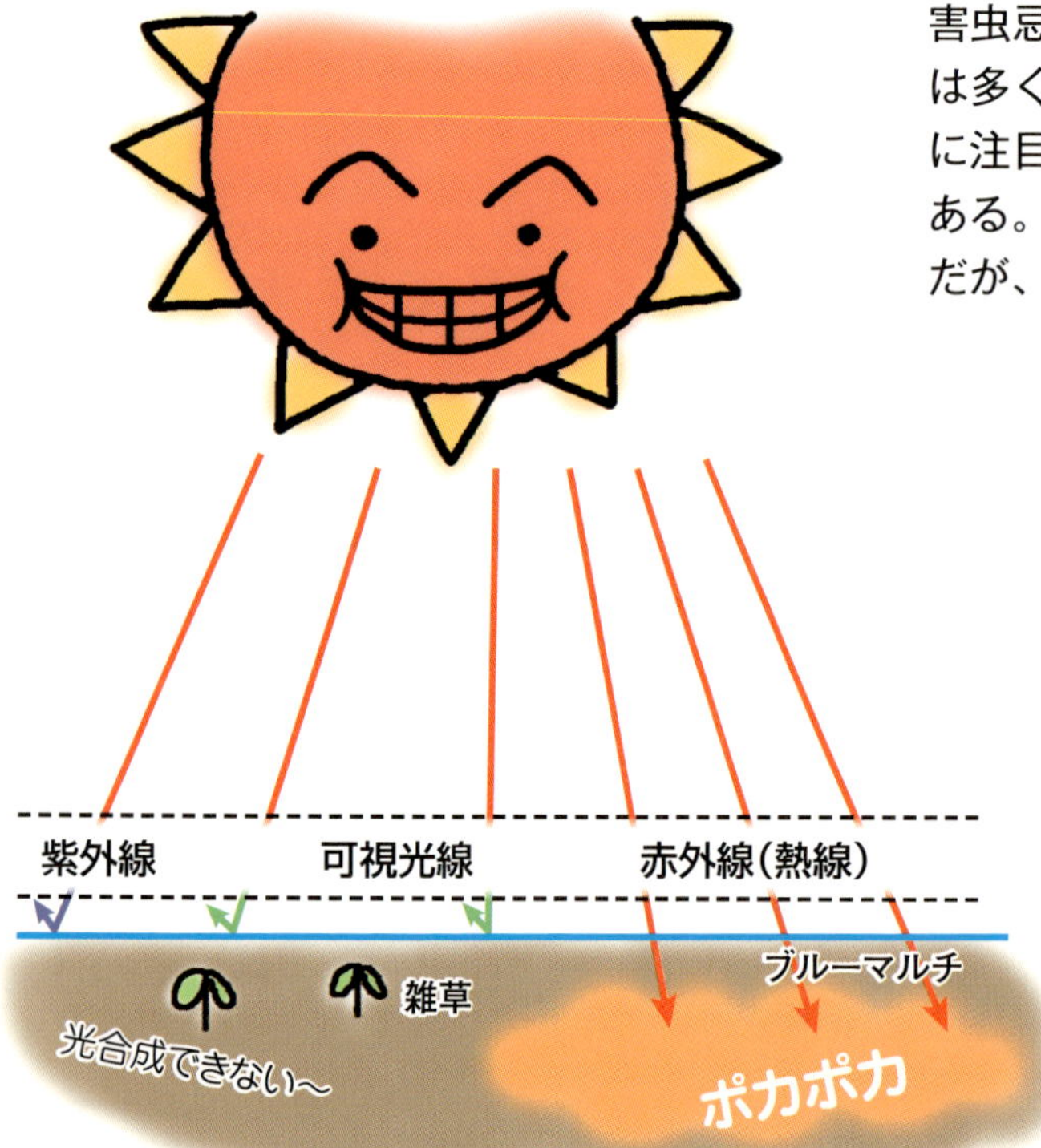

害虫忌避効果などを併せ持つ機能性マルチは多くあるが、冷春・激夏が続く近年、特に注目されているのが地温調節型マルチである。いずれも、従来品よりちょっと割高だが、特徴を知って使いこなしたい。

編集部

地温を上げるマルチ

入江さん（30ページで紹介）が使うブルーマルチ（大倉工業の「ホオンマルチＢＵ」）は、赤外線（熱線）は通すが、光合成に必要な可視光線は通さず、透明マルチに近い地温上昇効果と雑草抑制効果を併せ持っている。活性フェロキサイド配合で、日中に蓄熱、夜間に放熱する効果もあるという。

地温を下げるマルチ

白黒マルチの地温抑制効果を、より高めた資材が各メーカーから登場している。みかど化工の「チョーハンシャ」がその先駆け。従来品の「白黒ダブルマルチ」より光反射率を高め、地温を２〜３度低く保ってくれる。「こかげマルチ」（大倉工業）の強化版「こかげマルチデラックス」も出ている。また、地温抑制効果が高い資材といえば「タイベック」（デュポン）を忘れちゃいけない。

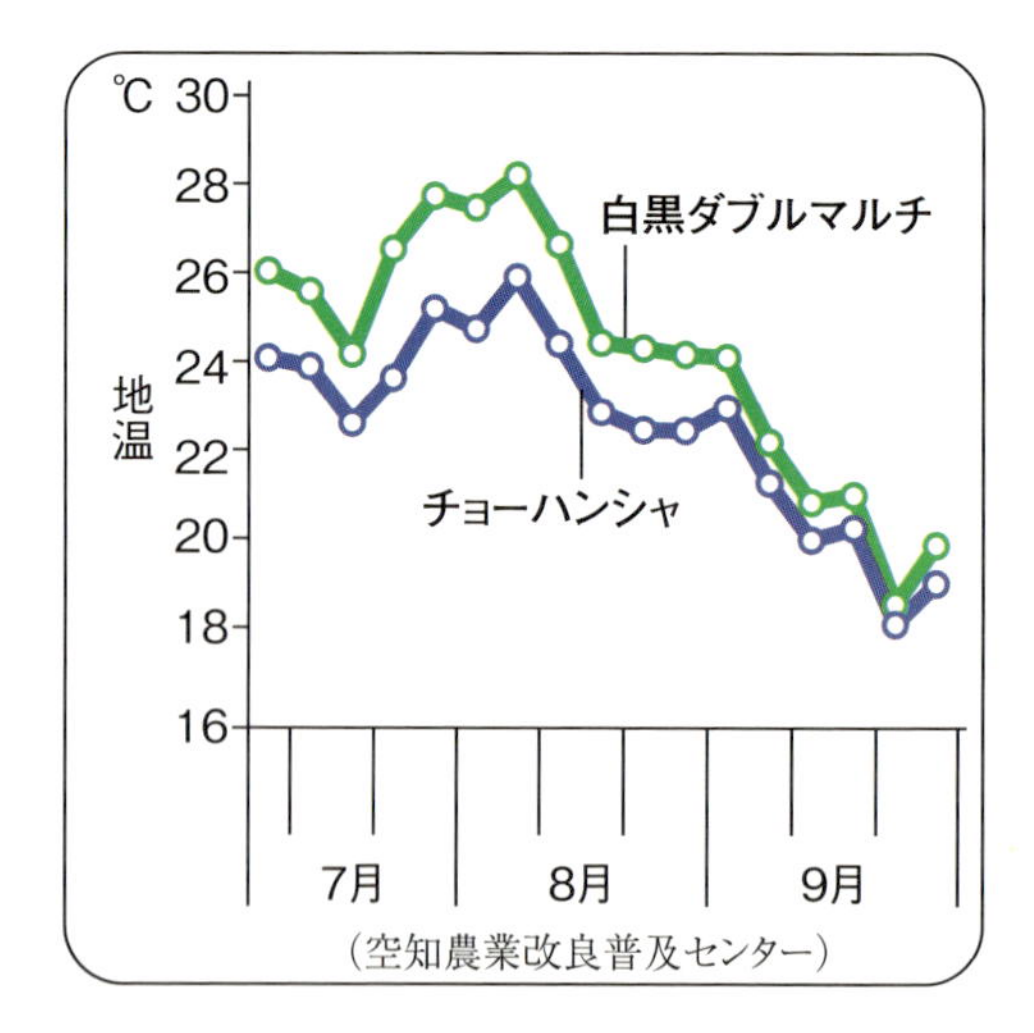

（空知農業改良普及センター）

現代農業2014年3月号
進化する冷春・激夏対応マルチ

マルチ別 ホット＆クール効果

地温調節	マルチの種類		特徴	抑草
ホット		透明	地温上昇率はNo.1だが、雑草が生える。光透過率をより高めた「KONスクスク」（みかど化工）もある	×
		紫（ブルー）	透明に近い地温上昇率で、雑草も抑える。「ホオンマルチBU」（大倉工業）がこれ	○
		緑	地温上昇率が高く、雑草も抑える。住化農業資材の「あったかセラマルチグリーン」はセラミックを配合。地温保持効果が高い	○
		黒	地表面の温度は上がりやすいが、深いところは上がりにくい。安価	◎
		銀黒ダブル	表が銀色で裏が黒。銀色が光を反射して地温を下げ、裏地の黒が雑草を抑え、地温を低く保つ	◎
		白黒ダブル	表が白で裏が黒。最近、光反射率を高めて、地温をより抑える新資材が、各メーカーから登場	◎
クール		有機物（イナワラなど）	地温調節や水分保持の他、微生物やミミズ、天敵まで元気にする。身近にあるものを活かせばタダ	○

●その他の特徴的なマルチ

配色マルチ：ウネ上面が透明で、肩部が銀か黒。地温上昇効果と側面の雑草を抑える効果がある

有孔フィルム：直径2㎜くらいの小穴が多数あり、水と空気と熱をよく通す。浅根になりにくい。無孔よりも地温が0.5度くらい低くなる

メデルシート（みかど化工）：細かい切れ目が入っていて、散播・条播でもマルチから芽が出る

●ポリ以外の素材のマルチ

生分解マルチ：土壌微生物によって分解される

光崩壊マルチ：自然光下で劣化し、崩壊する

紙マルチ：通気性があり地温が上がりにくいので高温期に有効。土壌にすき込める

布（綿）マルチ：くず綿が原料で生育中に分解。地温抑制効果あり

私はダンゼン黒マルチ派

秋田県・草薙洋子

草むしりのいらない黒マルチ畑

たくさんの野菜と花を作り、直売所への運送、直売所の当番、漬物作りに列車見張り員の副業…と、アイドル並みの忙しい日々ですから、いかに手間を減らしていいものをとるか、を考えています。

特に農業で一番大変なのは除草だと思いますが、私は草をとるのではなく、どうしたら生やさないか、と考え、畑のほぼ全面に黒マルチを張って草をクリアしています。黒マルチは私にとってはなくてはならない農業資材の一つです。草だけでなく虫や病気もいくらか防いでくれているのではないかと思っています。

土の部分は植え穴だけ

黒マルチはウネだけでなく通路にも敷き、土の部分は植え穴しか出ていない状態です。

畑以外のしょっちゅう歩く通路、苗等が入った網状のトレイを置く場所などは黒マルチでは傷みやすいので、ハウスに使った古いビニールを重ね敷きして強度を保っています。

ちなみに、マルチをしていると所々に水溜りのようなものができます。邪魔な時は、マルチをとめている杭代わりのわりばしで一突きして穴をあけて地面に水をしみこませますが、汚れた手を洗うのにとても便利なので残しています。

クワいらずのウネ連続利用

ウネ立てとマルチ敷きはトラクタにつけた機械でやっています。以前、タバコ栽培で使用していたものです。

畑の準備としては、堆肥を全面にまき、ヒモでウネ立て・マルチ敷きの目印となる真っ直ぐな線を畑の土につけてからトラクタが入るのですが、その日のうちに入れないときがあります。しかも、そんなときに限って雨が続いたりして、せっかくつけた線が消えてしまうことがあります。

そこで、私は線をつけたら、元肥となる化学肥料をまきながら線の上を歩きます。化学肥料は白くて粒状のものが多いので、土の上でも目立ちます。雨にあたっても多少黒くなるぐらいです。そこで、この化学肥料の線を目印としながらトラクタがすすむのです。

しかし、畑の準備はいくら機械がやってくれるといっても一作一作ごとに一からウネをあげて仕事をするのは大変です。ですから、ダイコンを抜いたあとの穴に切り花アスター

草薙洋子さん

を植えるなどして、なるべくマルチをはがさないように、また三年ぐらいウネを崩さずに使うということがあります。周りから見れば「何をやってるんだろう?」と思われていると思いますが、「現代農業はクワを使わないのが最先端なんだよ」なんて格好つけていっています。

そんな方法をいくつか紹介しますネ。

イモ掘りすると次作の元肥が入る仕組み

ジャガイモは収穫のときに次の作に必要な堆肥・肥料等をウネの上に施しておき、それからおもむろに掘り始めます（図1）。こうするとイモを掘り出しながら堆肥・肥料をうないこんでいるわけで、ほどよく土に混和されます。

そして、掘り出したその日か翌日のうちに次の作物を植えてしまうので、私の畑はなんとも早変わりです。ジャガイモの後作はダイコン、ハクサイと習慣づいております。

掘り出しているとき、運悪く腐ったイモがあったら、ウネの肩に埋めておきます。これは夏の暑さで何日か後には分解して肥料となるようですヨ。

黒マルチの部分替え

長いウネの中でもある部分だけ収穫が終わってしまったり、マルチに植え穴がたくさんあいている場合など、どうしても部分的に張り替えたいときがあります。かといってトラクタが入るスペースもないし…というとき、こんなやり方をしています（図2）。

ほぼ全面敷きつめた黒マルチで除草いらず

図1　イモを掘ったら元肥も入っちゃう ウネ連続利用方式

①

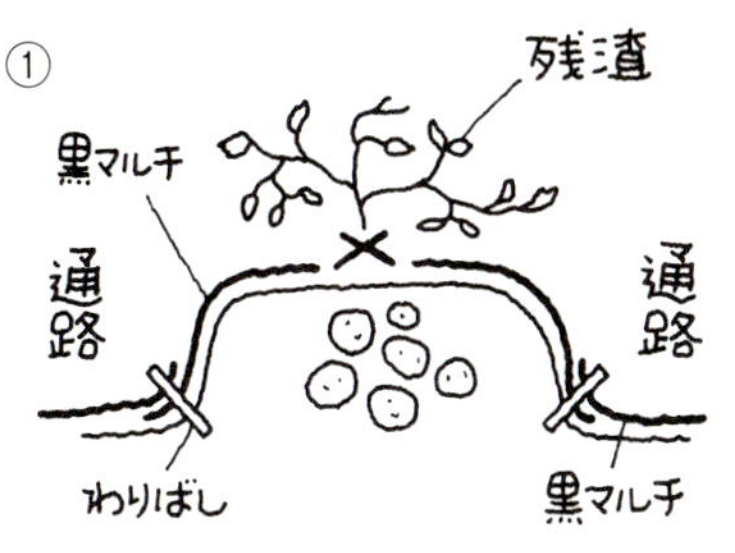

ジャガイモの残渣を取り除く。黒マルチをおさえているわりばしを片側だけ外す

②

黒マルチを片側だけはいでめくり、ウネの上に次の作の元肥となる堆肥・肥料を置き、ジャガイモを掘り出す。すると同時に堆肥・肥料が土（ウネ）の中に混和される

③

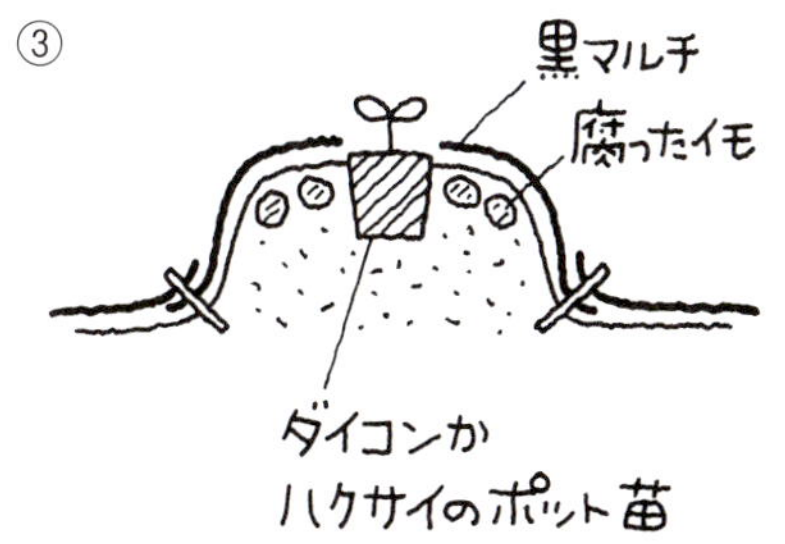

黒マルチをもとにもどし、少し土をかけておさえる。マルチにあいているジャガイモの植え穴あとにダイコンかハクサイのポット苗を植え込む。なお、腐ったジャガイモは肥料になるのでウネの肩に埋める

作が終わったらそのままウネの真ん中から切り開いて黒マルチを内側に折り込み、ウネの上に次の作の元肥をやってならします。上から幅の狭い新しい黒マルチを敷き、わりばしでとめてゆきます。

こうするとマルチに穴やはぎ目が多いぶん風が入りやすくなります。私の畑は風の強いところですし、ややもすると新しく張ったマルチが飛んでしまいます。そのため、次の作ではなるべく植え穴より少し大きめのポットを植えています。こうするとポットが植え穴の「栓」のようになって、マルチが飛びにくいようです。

図2　黒マルチを部分的に張り替えたいときは…

①

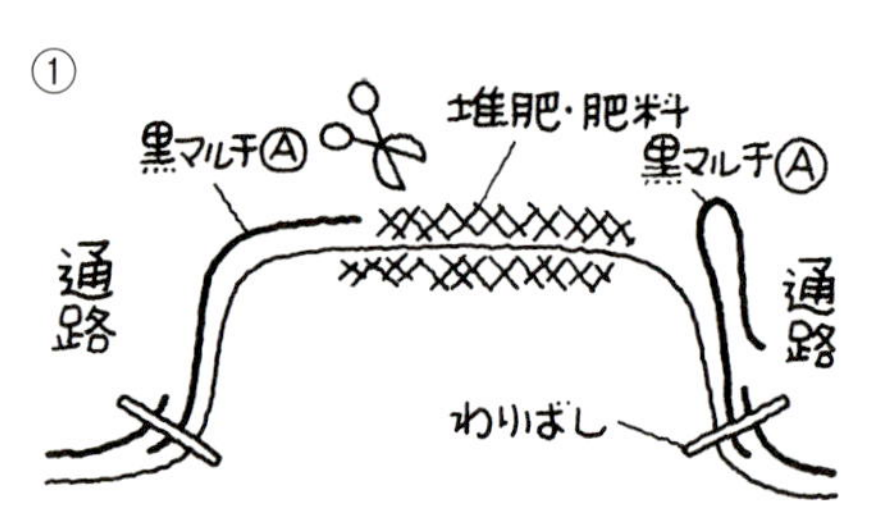

前作の残渣を片付け、黒マルチAの真ん中を切る。次の作の堆肥・肥料を施し、土をならしておく

②

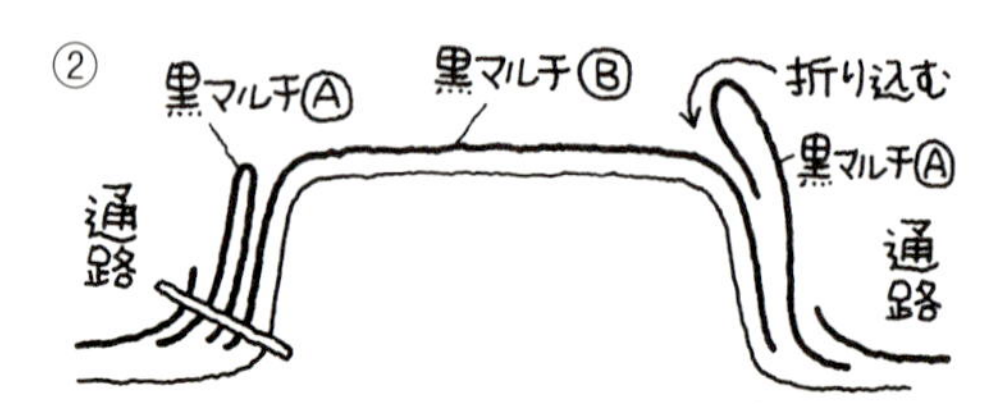

二つに裂けた黒マルチAを内側に折り込み、幅の狭い黒マルチBをウネの上に敷く。重なった4枚の黒マルチを縫うようにしてわりばしを刺してとめる

③

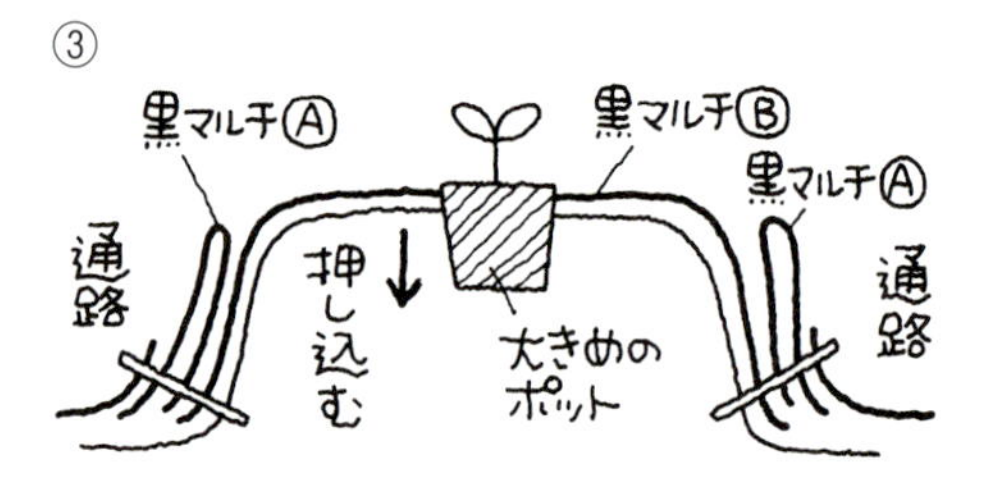

植え穴より少し大きめのポット苗を入れると、黒マルチのおさえとなり、マルチが風で飛ばされにくい

植え穴の中にポット苗 サトイモ早植え培土なし栽培

冬の間に積もっていた雪が消えると同時に、せっかちな私ゆえ、もうサトイモの植え付けです。全部ではなく一部のサトイモですが、早めにやってなるべく他の作業とかちあわないよう段取りしたいのと、お盆頃（八月中旬）から早めに収穫したいからです。

植え方もちょっと変わっておりまして、深く掘った植え穴にポットにいけた苗を落としてゆきます（図3）。お客様に「アメリカに着くぐらいまで深く掘って植えます」なんていって、結構うけています。

ただ、深く植えると地温で霜害は免れますが、日が当たらないのでこのままでは生育が遅れてしまいます。そこで、少し水をやっ

図3　植え穴の中はポカポカ！溝底播種の原理でサトイモ早植え栽培

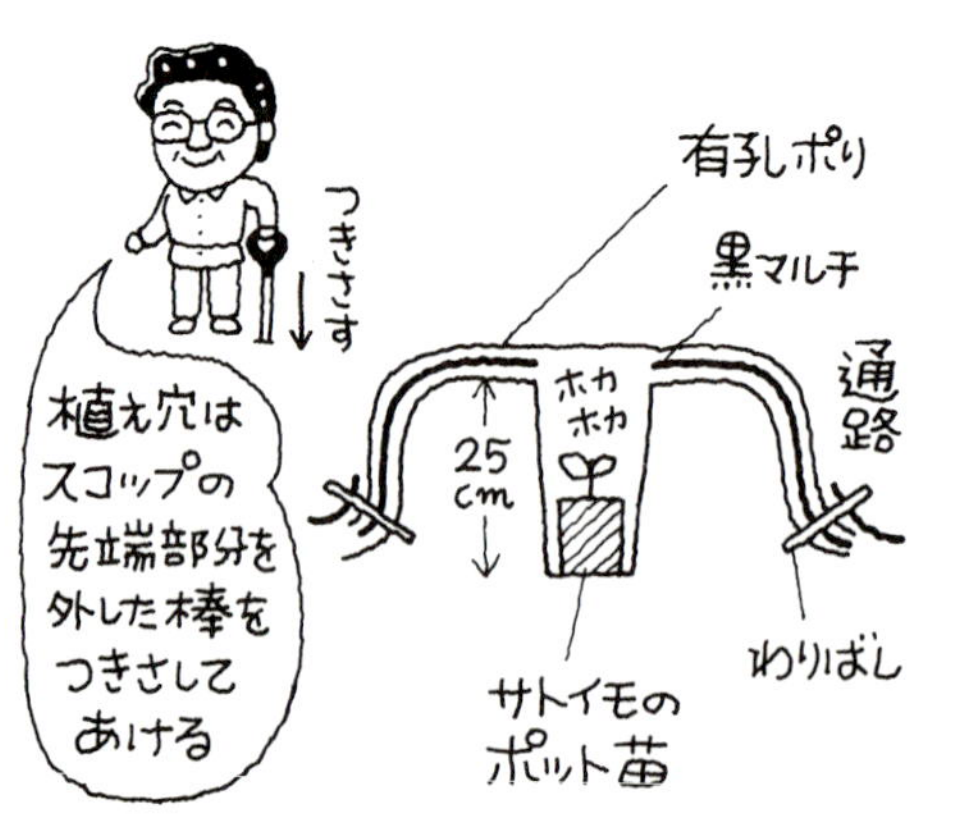

※エダマメの場合、ポットのかわりにタネを落としてさっと植え穴のまわりの土をかける。ただ、植え穴の深さは8cm程度でよい。穴の底は夜温が下がらないので発芽が早まる。まるで溝底播種!?

①黒マルチをしたウネに深い植え穴をあけ、その中にサトイモのポット苗を落とす
②さっと上から水をかけて透明な有孔ポリマルチをかければ、黒マルチと有孔ポリマルチがぴったりとくっつく
③植え穴の中が保温され生育が促進される
④サトイモの芽が有孔ポリをつつくようになったら有孔ポリに穴をあける

て、黒マルチの上から有孔ポリをかけて穴をぴったりとふさげば、植え穴の中は温かくなって、むしろ生育が促進されます。有孔ポリのせいか、植え穴の中は苗が焼けるほど熱くもならないので、あとはほったらかしです。やがて苗が伸びてきて有孔ポリを押し上げてきたら穴をあけて、顔を出してやります。

ふつうサトイモは、除草と土寄せを兼ねて何回か培土しますが、私はいっさいやりません。除草のかわりに黒マルチ、土寄せをするかわりに最初から深く植えておくわけです。ふつうのやり方より最初に手間がかかりますが、忙しい時期になってから作業しなくてよいので、かえってラクです。

エダマメも植え穴まきで早出し

エダマメでも同じように深まきをしています。植え穴の底にタネを落として上から有孔ポリをかけます。箱やトレイにまいて苗を育てても腐らせたりすることがありますが、これなら時間も手間もかからない方法です。四月に入ってまけば七月の初め頃と、このへんでは露地ものが出回らないときに「地場産のエダマメだよー」といって出せます。時期をずらすのは私のとっても好きなやり方でして…。つくづく「変わり者が作る変わり物」になるんでしょうかネ。

現代農業二〇〇五年三月号
私はダンゼン黒マルチ派

ふたつ 黒マルチ栽培に欠かせない道具

「これを黒マルチにぐっと押して一度に5つの植え穴をあけます」と草薙さんの娘・みずほさん

底を切り抜いた大きなペットボトルを逆さにして、液肥や水で溶いた消毒剤を注ぎ入れる

私の基本は黒マルチ栽培です。そこで活躍しているのが植え穴をあける道具です。だいたいはスコップの先端（シャベル部分）を外したものを突き刺してあけています。少し傾けて回せば大きい穴もあけられます。

ただ、タマネギのようにたくさん穴をあけるときは、写真のような道具を使います。これなら一度に5つの穴があきます。大工さんをしている姉の主人が作ってくれました。また、通路もウネも黒マルチで覆っていると、植え穴しか土が出ていないので「追肥はどうやっているの？」と聞かれることもあります。マルチをめくるのも面倒なので、植え穴に注げるよう焼酎のペットボトルを活用しています。

現代農業2005年5月号

地温を上げる、雑草を抑える

早出しトウモロコシにブルーマルチ

熊本県・入江健二

筆者と愛用のブルーマルチ（写真はすべて赤松富仁撮影）

赤外線を通して可視光線は通さない

レタス六haとスイートコーン（味来）一・五haを栽培しています。スイートコーンは、五月十五日から六月十五日までに収穫する早出しの作型で、定植は二月上旬から始まります。

寒い時期なので定植時にはポリマルチを張ります。最初は、一番地温を上げられる透明マルチを使いましたが、マルチの下に雑草が大発生しました。除草剤を使ってもダメな量です。

一〇年くらい前、JAでブルーマルチ（大倉工業のホオンマルチBU）を紹介され、以降ずっと使い続けています。ブルーマルチはウネに張ると黒く見えるのですが、お日様に透かすとブルーに見えるマルチです。このマルチは、地温を上昇させる赤外線は通すのですが、可視光線を遮断して雑草の発生は抑えるという優れものです。

黒マルチよりも少し高い（一五〇cm×二〇〇mで二〇〇～三〇〇円の差）のですが、除草剤代とその散布労力が浮くので大助かりです。

穴底植えで保温効果と雑草抑制効果がアップ

定植はまだ霜が降りる季節、ブルーマルチに加えて、穴底植えも苗を守る方法です（左図）。穴の中は外気よりも暖かく、普通に植えると晩霜にやられることがありますが、穴底植えだと葉先の被害だけで済んだりします。また、初期生育が早まるし、倒伏もしにくくなります。支根がマルチの上に出ないのでマルチ剥ぎもラクになります。

定植時の葉齢は三枚で、穴の深さは、二枚目と三枚目の葉が半分ほどマルチ上に出るくらいの深さ（一二cmくらい）とします。深すぎると生育しないし、浅いと支根がマルチの上から出てしまいます。

植え付け穴は、お花立てであけます。先のとんがりが二〇〇穴の育苗トレイの穴と同じで、苗がちょうど穴にはまるのです。この方法にしてから、雑草の発生も一段と少なくなりました。ホール（穴あき）マルチで植えていたころは、穴から雑草がのぞいていましたが、お花立てであけた穴は二～三日もすると自然と小さくなって、雑草を抑えてくれます。

お花立てで押しあけたマルチの穴は自然に小さくなる
15cm
ブルーマルチ
穴の中はあったかい
斜面なので雑草が生えにくい
12cm
200穴セルトレイで育苗した苗
お花立てであけた穴

レタスは白黒マルチ→黒マルチ

レタスは十月下旬から翌五月上旬まで収穫し続ける作型です。定植はまだ暑い九月上旬から始めるので、九月中旬くらいまでは白黒マルチを使い、それ以降、涼しくなる作型では黒マルチを使っています。

夏場の作型では今後、通気性があって地温上昇を抑える紙マルチを使ってみたいと考えています。収穫後の残渣と一緒に、そのまますき込めるのはラクそうです。

現代農業二〇一四年三月号
地温を上げる、雑草を抑える
早出しトウモロコシにブルーマルチ

お花立てはとんがりの形が200穴セルトレイの穴の形にピッタリ。人差し指のあたりまで土に挿す

紫マルチ
不作年でもメークイン五t

千葉県・花香きよ

花香きよさんと旦那さんの富雄さん。バイオレットマルチのおかげで昨年メークインが5ｔとれた（赤松富仁撮影）

サツマイモ多収農家が使っていた

旧栗源町（現香取市）のメークインはおいしく、昔から高値で取り引きされています。

農協の同じ支部の人は、配色マルチと呼ばれる、ウネの側面が黒で上面が透明になっているマルチを使う人が多いのですが、昨年は春が寒く不作年だったため、今年は地温が上がりやすい透明マルチを張っている家が多いようです。

私が五年使っている「バイオレットマルチ」は紫色のマルチ。隣町のサツマイモ農家がこのマルチで多収していたので、私はジャガイモに使ってみました。収量はぐんと上がり、不作年だった昨年でも地域平均の一・五倍の五ｔの収量を上げました。理由は地温の上がりが配色マルチよりもいいことだと思います（透明マルチほどではないでしょう）。

芽が出てからの作業がらく

バイオレットマルチは、カッターナイフで切り込みを入れなくても、株間のしるしに小さなピンホールを開けておき、種イモを持った手で突っ込めば植えられて、ちょうどいい穴が開きます。そして芽がマルチの穴めがけてまっすぐ上がってくるのも特徴です。ジャガイモの芽は光に向かって伸びるからでしょうか、配色マルチや透明マルチだと上面にどこでも光があるので自由奔放に芽を出します。こうなると出芽後に芽を穴から出す手間がいります。私は浮いた手間を、出芽後の「元寄せ」（芽に土をかぶせる）や追肥といった、さらに増収させるための作業に当てています。

草が生えにくい

また配色マルチや透明マルチだと生えてしまう草も、バイオレットマルチだと生えにくい点も気に入ってます。

普通のマルチより割高ですが、手間、収量を考えると十分元が取れるマルチだと思います。

＊花香さんが使う「バイオレットマルチ」の問い合わせは、柴田屋加工紙（株）（〇二五―三八二―二五一一、http://www.shibataya.com）まで

現代農業二〇一一年五月号
紫マルチ　不作年でもメークイン五ｔ

透明マルチ+溝底播種で春まきダイコンの抽苔を抑制

（編集部）

畑の表面に作った小さい溝の底にタネをまき、不織布をべたがけする溝底播種法。東北農業試験場で開発され、本誌で大きく取りげたこの技術は、今ではすっかり一般的になった。とくに、冬の寒冷地の無加温ハウスで葉ものをつくるには欠かせない。日中、べたがけの下で土の表面に蓄えられた熱は、夜間に溝底の気温・地温を高める。そのためホウレンソウやコマツナなどの発芽が早まり、生育が促進されるのだ。

青森県農業試験場では、この技術をダイコンの春まき栽培に応用した。幅八〇cmのベッドに深さ一〇cm程度の溝を切り、溝の底にダイコンのタネをまいたうえ、透明ポリマルチ一枚で被覆するだけ、というやり方だ。

ダイコンは、生育中に一〇度以下の低温に遭うと花芽形成が促進され、二〇度以上の高温に遭うと花芽形成が抑制されるといわれている。抽苔させずにダイコンを収穫するには、トンネル栽培したほうが効果的だが、同試験場の試験結果によると、溝底播種して透明ポリマルチをかけるだけでも抽苔をかなり軽減できている。

この技術を農家が導入するには、溝を切りながら播種する機械が必要なことや、透明マルチの中に生える雑草対策などが課題となって、残念ながら普及はしなかったとのこと。だが、小さい溝と透明マルチ一枚で抽苔を抑えることができるのは興味深い。

トンネルに比べるとダイコンの肥大は遅れるが、べたがけなどを組み合わせれば促進されそうだし、トンネル栽培と同時にまいて収穫を遅らせるにはかえって好都合かもしれない。

現代農業二〇一四年三月号
透明マルチ+溝底播種でダイコンの抽苔を抑制

溝底播種して透明ポリマルチで被覆

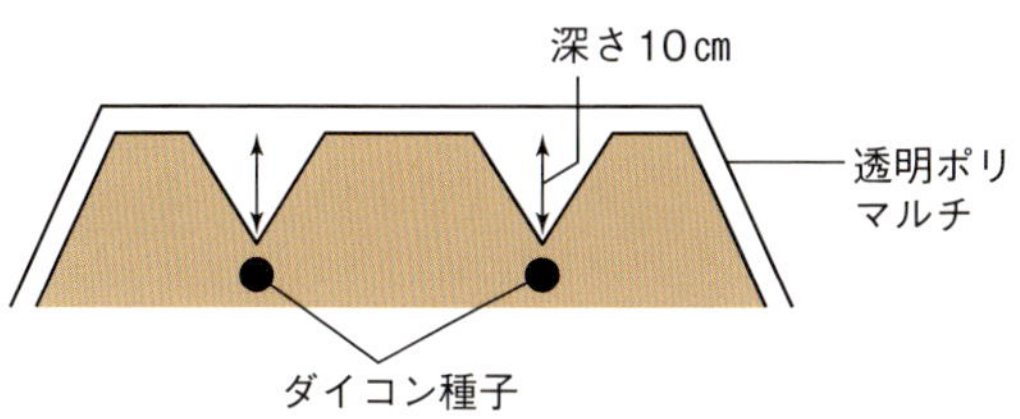

耐病総太り播種後62日目の抽苔発生程度
（2000年　青森農試）

区名	程度別抽苔発生割合（%）			抽苔率（%）
	未発生	花茎長3cm未満	花茎長3cm以上	
溝底播種区	30	15	55	55
トンネル区	38	16	46	46
マルチ区	0	0	100	100

注1）播種日は4月18日
2）耐病総太りは抽苔しやすい品種。抽苔しにくいYRねぶたの試験では、抽苔率はもっと抑えられている
溝底播種区：透明ポリマルチ（溝底に播種後被覆）
トンネル区：透明ポリマルチ+透明ポリトンネル
マルチ区：透明ポリマルチ

トラクタいらずのマルチ連続利用術

植え穴再利用、使い勝手のよい肩マルチ

和歌山県・芋生ヨシ子

ジャガイモは全面マルチで地温をあげる

私はマルチをよく使います。野菜がはやく生長するので、時間短縮になり、便利で私にぴったりの栽培方法。

たとえば、ジャガイモ。春作は二月の末から植えはじめるので、なんとか土を温かくしたいと思い、全面マルチしています。まず幅が一m二〇cmぐらいのウネに二本ズンを切り（鍬でスジを作り）、三〇cm間隔で種イモを並べて、イモとイモの間に肥料を置きます。土をかぶせて、その上にマルチをかけます。マルチかけはさすがに一人ではできないので、主人に手伝ってもらっています。

四月上〜中旬頃より、種イモから出た芽がマルチを押し上げてきます。そこに穴をあけて芽を出してやり、大きくなれば穴を広げてゆとりをもたせてやります。あとは自然に花が咲き、枯れてくるので、六月中旬頃までそのまま放っておきます。

結局、土かい（土寄せ）も一度もしないですみます。土かいをしないとイモが緑色になることがありますが、マルチ栽培ならそれはありません。間引きも追肥も花摘みもしませんが、一株の収量は落ちませんでした。

ジャガイモ収穫後はマルチを元通りに

イモ掘りは私一人の仕事。茎を引き抜いたあと、マルチをくるくると巻きながら一方に寄せていきます。イモを掘り起こしたら、なるべく太陽の光を当てないように抜き取った茎葉をかぶせておきます。これはイモが緑に変色しないようにです。

これらの作業をひとウネの三分の一ずつ進めていき、イモを全部拾い集めたら、鍬で整地します。またマルチを元通りにして、七月上旬頃までそのままにしておきます。

使い終わったマルチがいっぱいあるので、肩だけマルチ。肩と通路に雑草が生えない。ほとんどのウネはこうしている

ジャガイモのあとの大豆はマルチの植え穴にまく

今度は大豆の出番です。ジャガイモの芽だしのためにあけたマルチの穴が大豆をまくのにちょうどいいのです。ひと穴に二粒ずつ入れて、土を少しかけておきます。ジャガイモを掘り起こしたおかげで土がやわらかく、わざわざ耕す必要もありません。これで主人の手も煩わせなくてもすみます。それに、大豆はそんなに肥料がいらないので、改めてはやりません。ジャガイモの残りで十分。

管理は本葉が出るまで寒冷紗をかけておくだけ。あとは収穫するまでなにもしません。

筆者

十一月に大豆が終わると、ここでやっとマルチを剥ぎ取り、二〜三ヵ月程度土に太陽を当ててやります。これは私のこだわりです。土の中といってもやはり太陽は一番の宝。冬の間はそっとしておきます。

全面マルチでイチゴ収穫、使ったマルチは雑草対策に

イネ刈り後の田んぼに定植したイチゴも、水を張る五月の末までにとり終わらないといけませんので、三月に入るなりすぐに全面マルチ。もう少しはやくかければいいのですが……。

これは主人と二人三脚の仕事ですが、株を出すためにマルチを切ってくれるのは嫁いだ娘。高校生のときから、「これは自分の仕事」と、手早くこなしてくれて助かります。

イチゴは毎年新しいマルチを使っていますので、収穫後にはがしたマルチはとっておいて、何も植えつけていないウネの雑草対策などに使います。

丸ウネ肩マルチの連続利用で作業がはかどる

春に植えるサツマイモにも前年のイチゴで使ったマルチを使います。私は、遅くとも四月二十五日までにツルを挿すように心がけています。そうするとお盆に手探りで少しとってお供えすることもできます。八月下旬には全部収穫してしまいます。よく十月にイモ掘りする人もいますが、十月のイモよりも八月に掘ったイモのほうが不思議と貯蔵がききます。春まで腐りません。

サツマイモは一条植えですので、幅を狭く、少し高めのウネにします。ウネのてっぺんにスジができるように、両肩にマルチを張っています。こうすると収穫がラク。片側のマルチを半分ぐらいずり下げて、イモを掘り出します。

そのあとは、また土を戻し、マルチも元通りにしておきます。マルチの隙間（ウネのてっぺん）に牛糞と石灰を打ち込んでおけば、次の作の準備は完了。

私は九月の二、三日頃、そのウネにズンを一筋作って、聖護院ダイコンのタネをスジまきします。マルチのおかげで草ははえないし、土も温かいのか年内に結構大きなダイコンを収穫できます。また、サツマイモを収穫したあとだから土がやわらかく、ダイコンを簡単に引くことができます。トラクタのお世話にならずに、器量のいいダイコンがとれるのです。

平ウネ全面マルチ

地温を上げるため、ジャガイモは全面マルチ。その植え穴を利用して次は大豆を植える

丸ウネ肩マルチ

サツマイモは１条植えなので、丸ウネ。その後は、聖護院ダイコンをスジまきする

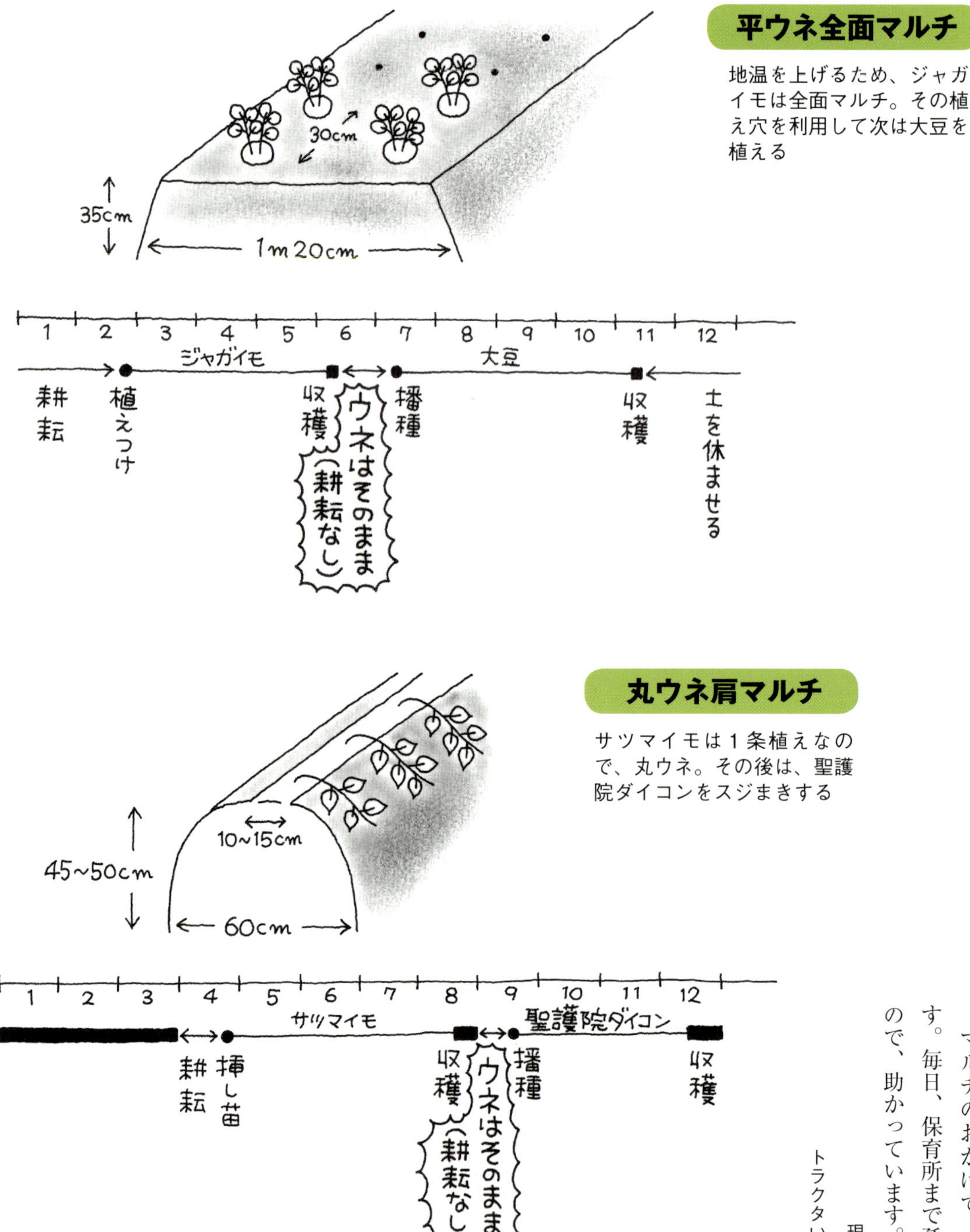

※ジャガイモもサツマイモも収穫時に掘り上げることによって土がやわらかくなるので、次作はトラクタいらず。マルチも連続利用できる

マルチのおかげで、作業の手間が省けます。毎日、保育所まで孫たちの送迎ができるので、助かっています。

現代農業二〇〇八年三月号
トラクタいらずのマルチ連続利用術

ズッキーニ、カボチャ、トウモロコシ
作業で変わるマルチ選びとまき方の工夫

長野県・大池寛子

トウモロコシの穴底まきをしたあとの畑で、水やり中（写真はすべて赤松富仁撮影）

ズッキーニは破れにくい黒マルチでとんがり下まき

いよいよ畑も本格的に忙しくなる季節です。四月は、ボランティアで中学校と保育園の入学入園式用のステージ花を活けるところから始まります。これが終わると、しばらくは農作業に集中できるので、やっとひと安心です。

まず、三月に土づくりをしておいた露地の畑に、ズッキーニとカボチャとトウモロコシのマルチを張ってタネをまきます。

ズッキーニは一三五cm幅の黒マルチを張って、株間約八〇cmで二条に千鳥まきします（図1）。二条にまいた穴と穴の中央の幅が六〇cmというのは少々狭いですが、ズッキーニは生長してくるとだんだん通路のほうに這いずってきて、それぞれ背中合わせに広がっていくので、心配ありません。

タネはとんがり下まき（芽の出る位置を下向き）にして、足で踏んでおきます（ズッキーニは何度も収穫するので、足で踏んでも破れないビニールマルチを使用）。

今年は四月四〜七日（満月の大潮）にタネをまき、トンネルをかけて防寒します。品種は緑のゼルダ・ネロ（トキタ）、黄のゼルダ・ジャッロ（トキタ）、食用のタネを採るストライプペポ（北海道農業研究センター）です。

ルバーブの収穫をする筆者

カボチャは生分解性マルチ＋通路にマルチムギ

カボチャは一三五cm幅の生分解性マルチを使い、株間・条間とも約八〇cmで二条に千鳥まきします（図2）。収穫後はつるを片付け

図1　ズッキーニの平ウネ

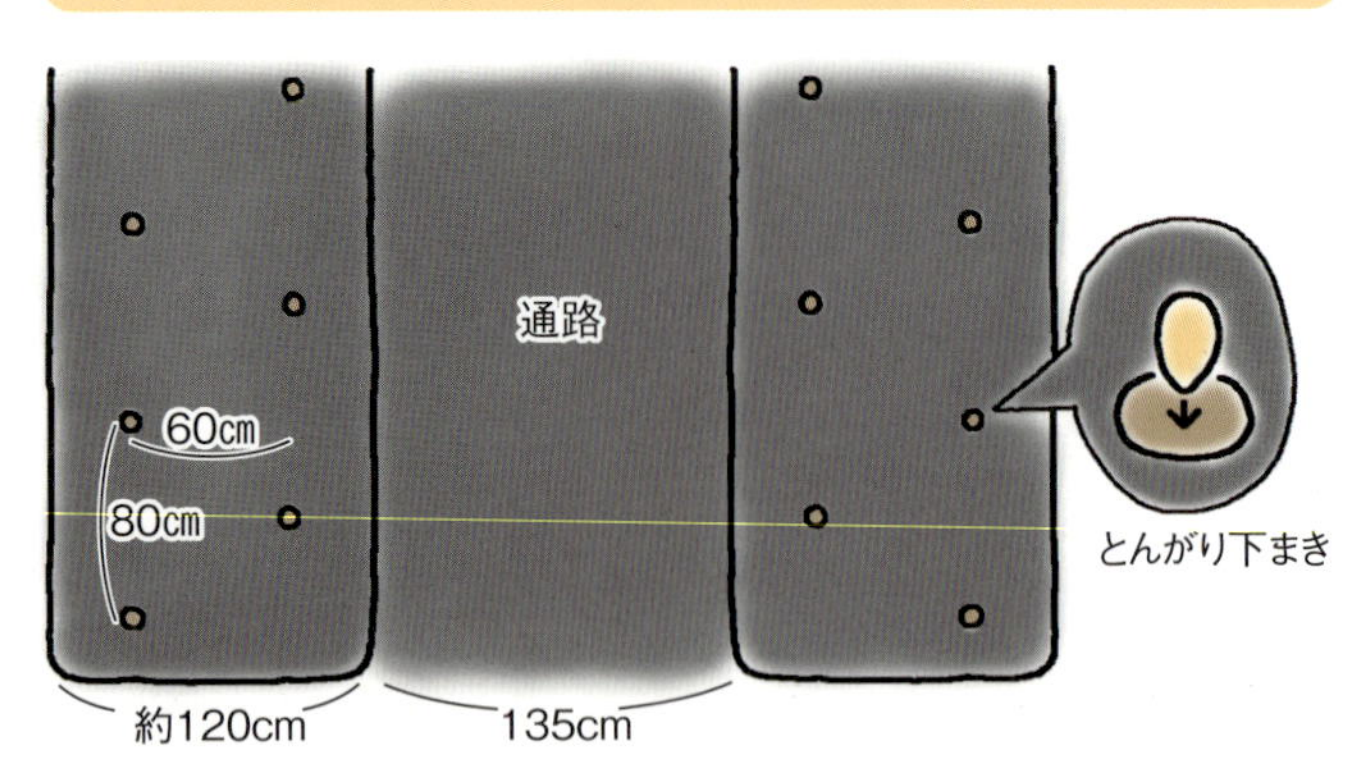

135cm幅のマルチを使うが、両側に土がかかるので、実際のウネ幅は約120cm。通路も全面マルチにする

図2　カボチャの平ウネ

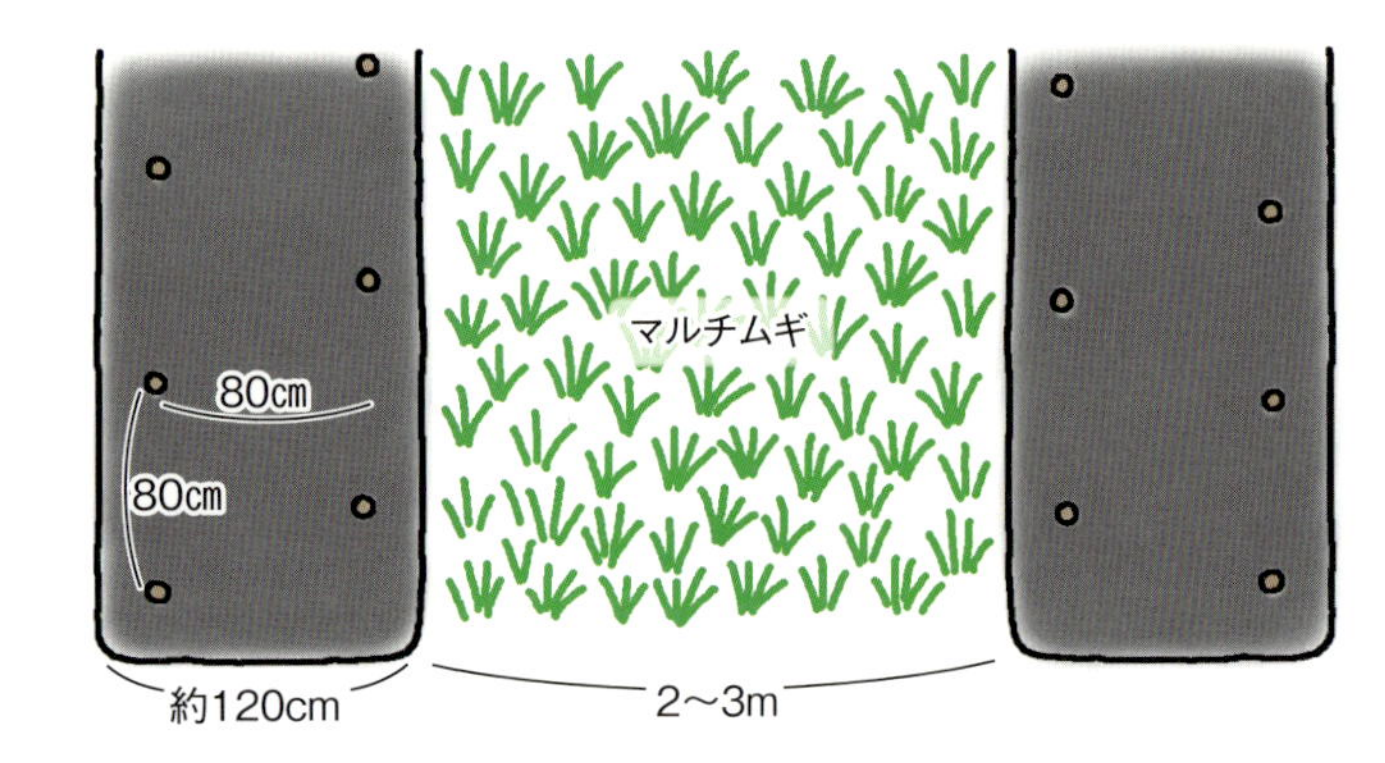

ずにトラクタでうない込んでしまえるので、生分解性マルチを使います。

通路にはマルチムギのてまいらず（カネコ種苗）を少々厚めにまき、フサフサと生長させます。放っておくと自然に枯れて敷きワラのようになりますが、昨年、枯れるのに時間がかかって、結局カボチャがムギの下になってしまいました。収穫するのが大変だったので、今年は早めにマルチムギをまき、カボチャのつるが伸びる前に除草剤で枯らそうかと思っています。

品種はバターナッツ（タキイほか）と新品種だというジェジェJ（国華園）をまいてみようと思っています。特徴は強い粉質で甘味が強く、株元にたくさん着果するのでつるが短く、密植栽培ができるようです。

タネまきはとんがり下まきで足で踏み、トンネルをかけて防寒します。

トウモロコシは生分解性マルチで穴底まきしたらベタがけ

トウモロコシは九五cm幅で穴開きの生分解性マルチを使います。

タネのまき方は直形約三cmくらいのパイプか棒で深さ約一〇cmくらいの穴を開け、その穴の中にタネを落とし（穴底まき）、パオパオなどの保温シートをベタがけして防寒します（タネの向きは気にしません）。土はかぶせませんが、穴の中で温度と湿度が保たれ、発芽します。苗を仕立てて穴底に落とす、穴底植えと比べると、初期生育に時間はかかりますが、移植より根がしっかり張るからか、途中で生育が追いついてしまいます。

品種は四月初旬播きのゴールドラッシュ（サカタ）と下旬まきのサニーショコラ（協和種苗）です。前者は甘味が強いが収穫期は短く、後者は甘くて収穫したあとでも一週間くらいは味が落ちません。遠くへ送ってあげても安心です。いろいろな品種を試しましたが、一番気に入っています。

イモやショウガは穴あきマルチで逆さに浅植え

四月半ばになると、小学校の桜がきれいに咲き、校内にある樹齢一〇〇年を超える枝垂れ桜がライトアップされて、とてもすばらしいです。それにあわせて、PTA役員OB主催の「桜の下のコンサート」が開催されます。なぜか毎年役員なので、準備と片付けに忙しかったりします。

その後、ジャガイモとサトイモとショウガの植えつけをします。まず、深さ二〇cmほどに溝を切って、元肥として「BIGアミノ10」一袋（一五kg）をスジ状にまきます。種イモに直接肥料が当たらないよう、土を戻したあと、なるべく高ウネにして穴開きマルチを張ります。

種イモの植え方はジャガイモもサトイモも逆さ植えの浅植えです。マルチの穴の部分に、土が軽く被る程度に種イモを押し込んでいくだけです。芽かきも土寄せもしませんが、マルチが光を遮断して、イモが緑化することもありません。収穫はマルチをはがして土をぽろぽろと落とすだけなので、ラクチンです。

塩ビパイプ
マルチ
約10cm

トウモロコシの穴底まき。約10cmの穴をあけたあと、塩ビパイプを通してタネをまいてみた。多少時間がかかるが、腰を曲げずにラクに作業できる

図3　ジャガイモの高ウネ

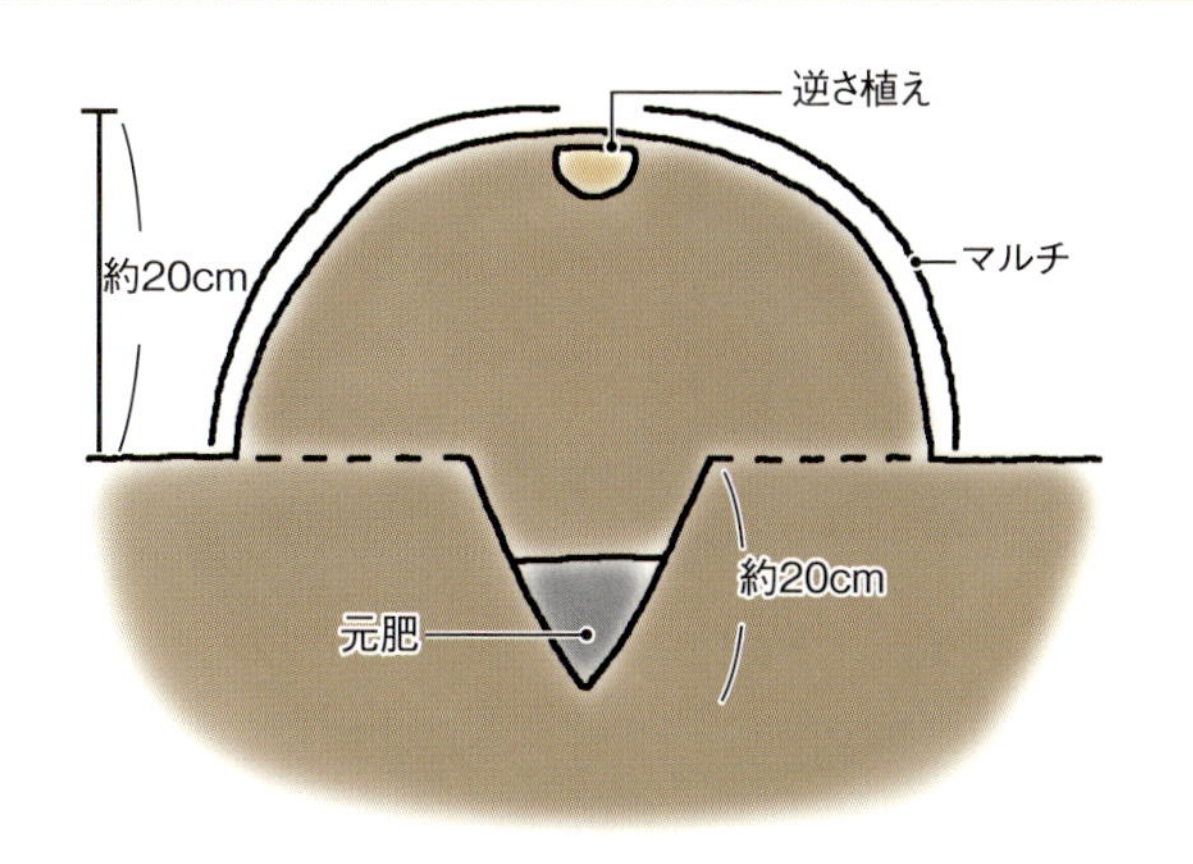

ジャガイモの植え穴にバジルをまいて虫除け

ジャガイモの植え穴には、バジルのタネをところどころにまいておきます。すると、ニジュウヤホシテントウがあまり寄ってきません（ナスにも効果あり）。サトイモの北側には日陰が好きなショウガをまき、南側にはエダマメをまいて、チッソの補給ができるようにします。

また、この時期はルバーブが花盛りになります。花の茎は取り除いて、葉の茎を直売所に出します。冬の間にジャムを使い切ってしまう方が多いので、ルバーブはこの時期が一番売れます。毎日かかりっきりになりますが、ちょっとウキウキしながら収穫しています。

現代農業二〇一五年四月号
ズッキーニ、カボチャ、トウモロコシ
とんがり下播きと穴底播き

同じマルチが三年使える!

ジャガイモの葉が茂ったら全面マルチへ移行

福島県・東山広幸さん（編集部）

定植後、40日もたてばウネ間の雑草も青々。放っておけば、根が張ってマルチに穴をどんどんあける

マルチの裾に手を突っ込んで剥がしていく。大変そうに見えるが、「雑草の根が引っかからないので、収穫の時に剥がすのとは雲泥の差」

福島県いわき市のじぷしい農園・東山広幸さん。約一〇〇aの田畑で、年間五〇種類以上の野菜とイネを栽培し、お客さんに直接届けている。

じぷしい農園の野菜づくりには、農薬も化学肥料もいらないが、マルチだけは必要だ。なにしろ、春先もなかなか地温が上がらない地域、早出しにはマルチの保温効果が欠かせない。除草剤も使わないので、草抑えもマルチ頼みだ。

使うとなれば、徹底的に使いこなして最大限に活かすのがじぷしい流。マルチ利用のコツと裏ワザを教えてもらった。

マルチ長持ちの秘訣は裾をきれいに剥がすこと

資源をムダ使いしないのもじぷしい流だ。カボチャやキュウリで鏡面仕上げに使ったマルチを、翌年は他の野菜に使い、ジャガイモなんて、同じマルチを三年以上使っている。

「自然環境にもいいし、お財布にも優しい方法です。雑草を抑える効果も、普通のやり方より高い」

ジャガイモの収穫後、普通に張ったマルチは、裾の部分がボロボロになっている。雑草の根が、マルチを突き破って伸びるからだ。

マルチは持ち上げるだけで簡単に剥がれる。これなら、来年もまた使える

両隣のマルチの裾を重ね、ピンで固定して、全面マルチのできあがり。ちなみに、定植時から全面マルチ化しようとすると、風で飛ばされてしまう。裾を剥がすのは、ジャガイモが十分に育ったこのタイミング。まさに、「今でしょ」

肝心のジャガイモもこの通りゴロゴロとれた

こうなると、そのマルチは翌年使えないし、剥がす作業も大変だ。

「裾をキレイに剥がすのが大事」

それを可能にした裏ワザが、「全面マルチ化」である。

途中で裾を剥がして繋ぎ合わせて全面マルチに

やり方は単純だ。ジャガイモの場合なら、五月下旬、葉が茂って畑に入れなくなる直前に、マルチの端だけを剥がす。そして、隣り合ったマルチの端と端とを合わせてとめ、ウネ間を全部覆ってしまう。これで全面マルチのできあがり。

ウネ間の雑草も抑え、収穫時にマルチを剥がすのもラックラク。穴があかないので、翌年もまた使えるというわけだ。

全面マルチ化は、サツマイモなどでも効果を発揮する。やっかいなコガネムシが卵を産み付けられず、被害をほぼ抑えられるというのだから、やらない手はない。

現代農業二〇一四年三月号
害虫が寄らない鏡面仕上げと
雑草が生えない全面マルチ

長期どりトマト
季節に合わせて　マルチの瞬間衣替え

茨城県・伊藤健さん（編集部）

伊藤健さん（赤松富仁撮影）

季節は巡る超ロングラン収穫

伊藤健さんのトマトは、八月下旬に定植し、翌年の七月下旬にかけ二七段もとる超ロングラン収穫。その間、夏↓秋↓冬↓春↓そしてまた夏と、季節はどんどん巡る。味も収量も落とさないよう樹勢を維持するために、季節に合わせた管理にはとても神経を使う。

暖房や水管理はもちろんだが、マルチの使い方にも、伊藤さんのとっておきのやり方があった。それは季節ごとにマルチを、「瞬間的に」「ラク〜に」替えてしまうという妙技「マルチの瞬間衣替え」である。

寒い冬に白黒マルチで失敗

二〇年よりもっと前、とてつもなく寒い冬のこと。当時使っていたマルチは白黒マルチ。暑い夏場に植えるので、地温を下げるために張ったのだが、張り替えるのが面倒で気温が下がってもそのままにしていた。いくら暖房していても地温はなかなか上がらず、根の活性が落ちて樹が弱ってしまった。その影響で収量が激減したという。

翌年伊藤さんは、季節ごとにマルチを張り替える作戦に出た。つる下ろしで横たわったトマトの樹を持ち上げて、白黒マルチをはがし、今度は地温が上がりやすい透明マルチを、また樹を持ち上げながら張る……一日がかりの大仕事である。しかし苦労した甲斐はあって、その年のトマトは文句なしのできだった。

伊藤健さんの27段どり長期周年栽培のトマト。冬、条間の透明マルチが地温を上げる。9 〜 11月まではこの上に白黒マルチが張ってあった

液だまりしないようマルチに小さな穴をあけてあるので、マルチにくっついていた面も着色ムラやシミがない

2月下旬、11段目を収穫したばかり。つる下ろしした樹が横たわっているのでベッド肩の白黒マルチははがさない。11～4月は通路にも透明マルチを張る

マルチの瞬間衣替えのやり方

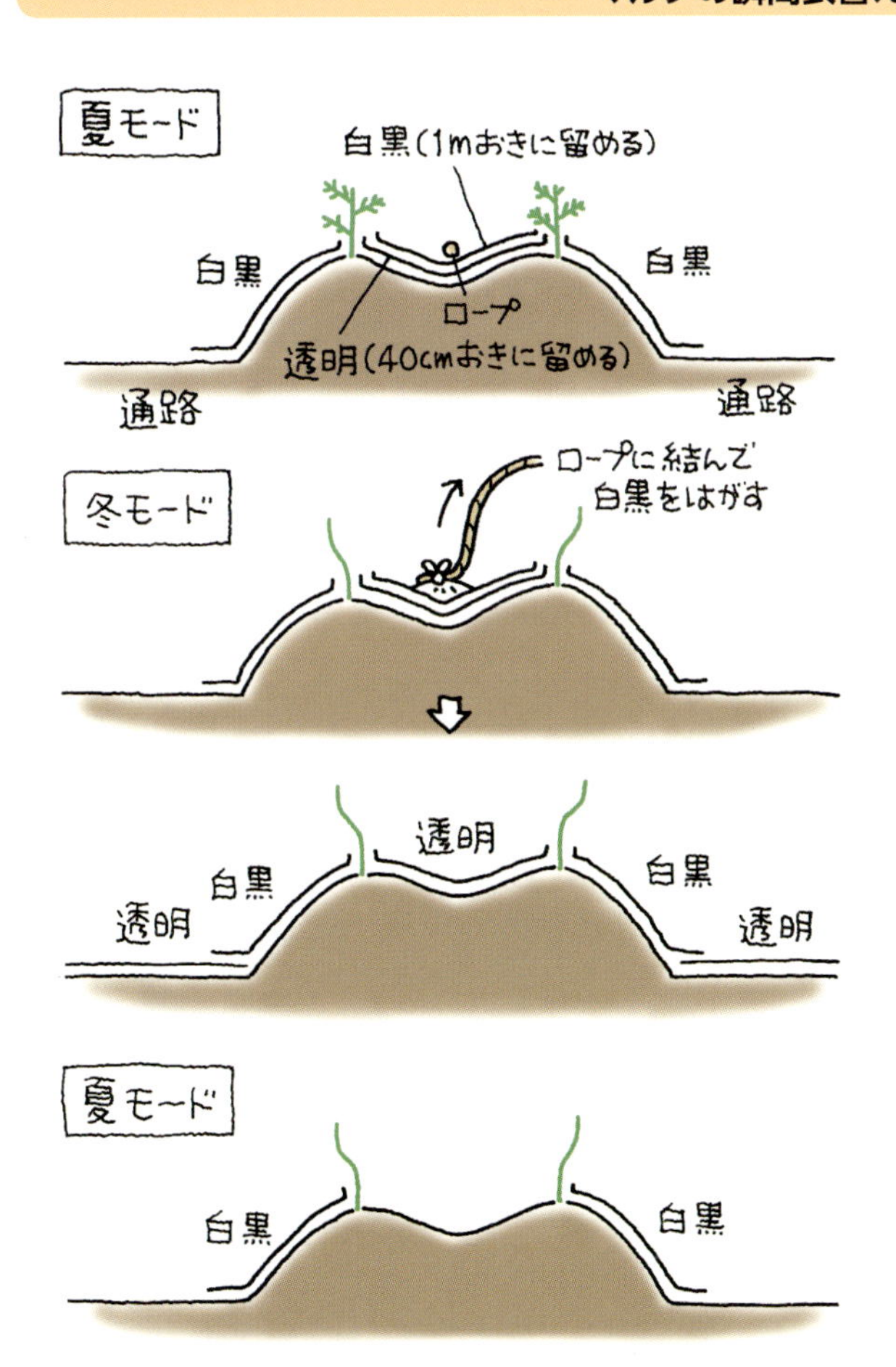

9月上旬　苗が活着したらベッド両肩に65cm幅の白黒マルチA（次ページ参照）を敷く。次にベッドの条間に60cm幅の透明マルチAを敷く。株元で透明マルチと白黒マルチを合わせてホチキスで留める（40cmおき）。すぐに65cm幅の白黒マルチBを透明マルチの上に敷く（遅いと暑さで根がやられる）。1mおきにホチキスで、肩の白黒マルチと合わせて留める。
最後に一本のロープをベッドの端から端まで条間に載せて、夏モード完成。通路は無マルチにしておく。

11月　ロープの端に条間の白黒マルチの端を結んで反対端からロープを引く。1mおきにしか留めていない白黒マルチだけはがれて透明マルチが現れる。
通路に120cm幅の透明マルチBを敷いて冬モード完成。両肩の白黒マルチだけは、ベッドに横たわる茎とトマトの下になっていてはがれないので残す。

4月下旬　気温が上がってきたら、通路の透明マルチをはがす。

5月　条間の透明マルチもはがして地温を下げる（ベッド肩の白黒マルチはそのまま）。

瞬間衣替えのためのマルチ4種

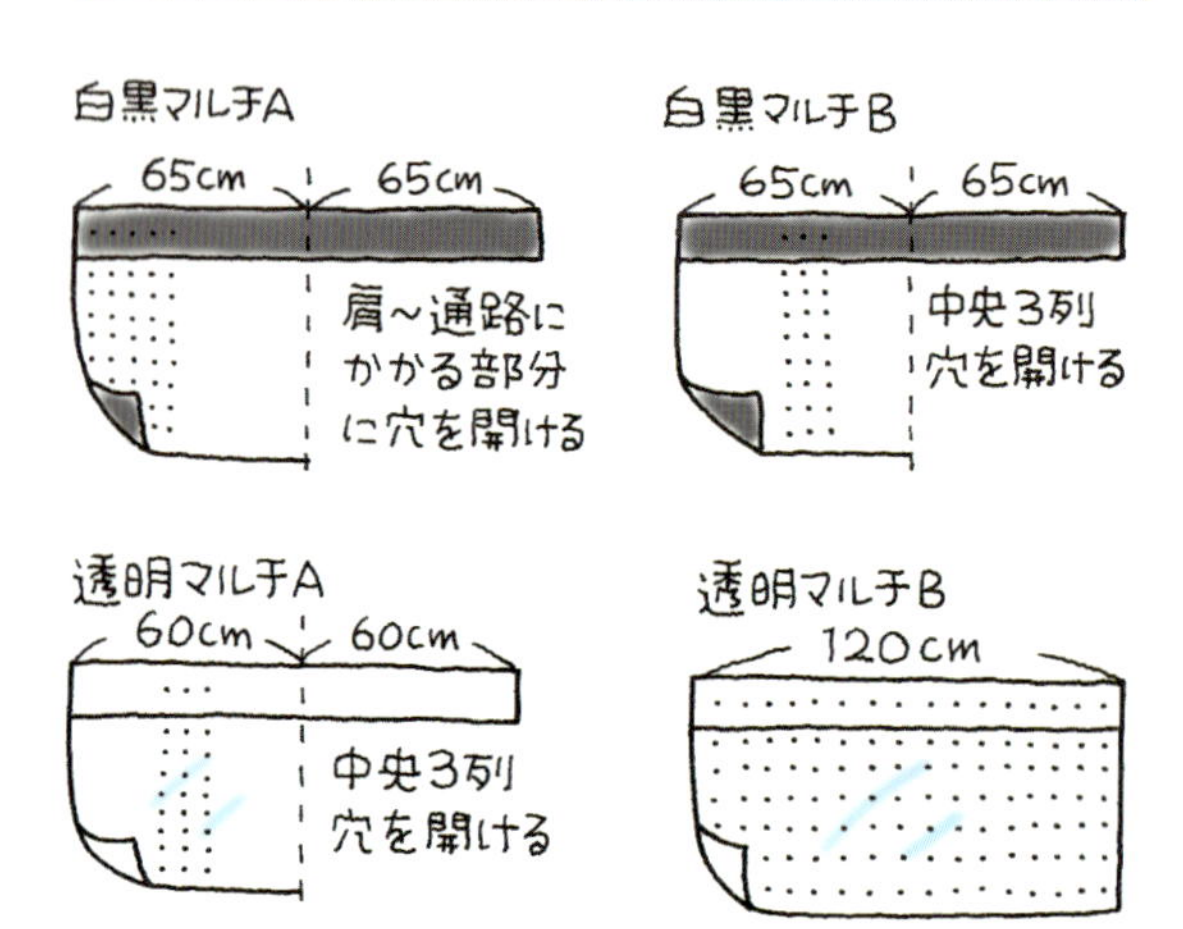

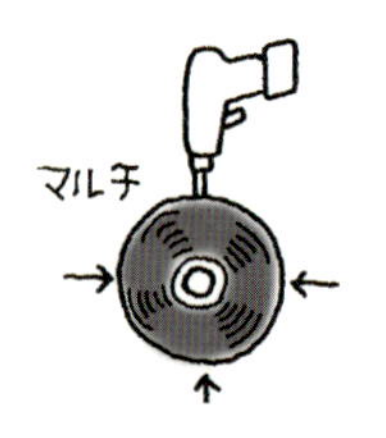

マルチは資材屋に頼んで半分に切ってもらう。太さ2.5㎜の電動ドリルでマルチのロールを4方向から開けると7㎝間隔くらいで穴が並ぶ。ドリルは「ギュン」と一瞬で貫通させるのがコツ。ゆっくりやると穴が癒着してしまう

こちらは11月下旬定植で2月下旬～ 7月下旬収穫の促成。17段までとる。長期収穫ではないので温度を上げて水分も保つグリーンマルチだけ。グリーンマルチには明るい緑色と暗い緑色がある。昨年暗い緑色を使ったら冬場に地温が上がらなかったので今年は明るい緑色を採用した

透明マルチの上に白黒マルチを重ねてみた

さらに次の年、「最初からマルチを二枚張りしたらどうだろう」と考えた。つまり透明マルチの上に白黒マルチを張っておき、気温が下がる頃に白黒マルチをはがして、透明マルチを瞬間的に出してあげる方法だ。これがみごとに大成功。マルチを張り替える作業時間は、一ハウスでたったの二時間ですんだ。

白黒から透明マルチにさっと替えると、地温が上がって根が活性を取り戻し、みるみる葉の色が濃くなるのがわかるという。そして再び暖かくなる六月には、透明マルチもはがして地温を下げてあげる。

最初のマルチ張りには手間がかかっても、ここぞというタイミングに対応できるので、昨今の異常気象でも収量は変わらない。変わらないどころか昨年のあのめちゃくちゃな天候でも、伊藤さんは二〇%増収したというからビックリだ。「いつも根を若々しく」を意識する伊藤さんにとって、この瞬間衣替えも欠かせない管理の一つなのだ。

現代農業二〇一一年五月号
長期どりトマト
季節に合わせてマルチの瞬間衣替え

石灰マルチで地温が五度下がった！

鹿児島県・鶴園英信

ピーマンの生育が止まった

鹿児島県東串良町でピーマン・キュウリを三〇a、ハウスと露地で作っています。町内はピーマン・キュウリの産地で園芸が盛んなところです。

夏の露地ピーマンで困っていたのが地温の上昇です。昨年はとくに暑かったのですが、作業の都合で定植が遅れ、六月中旬に植えました。日中はすでに三五度くらいあったと思います。黒マルチを触ると手が痛いほどです。根がやられたせいか、しおれたり、生育が止まったようになり、とても困っていました。

黒マルチに石灰をかけたピーマン畑。白マルチのように真っ白

そんなとき、『現代農業』の記事「極安！手づくり遮光ペイント剤で夏を乗りきる」（二〇〇八年七月号）を読み、私もマルチにやってみることにしました。

黒マルチが真っ白な反射マルチに

展着剤になるボンドは使わず、生石灰だけを水に溶かしてピーマンが植わっている状態の黒マルチに動噴で塗布しました。かけているときは、それほど白く見えませんが、二〇分くらいして乾くと、びっくりするくらい真っ白になりました。地温（約一五cm深）を測ってみると三六度あったところが三一度ぐらい！　正直目を疑いましたが、ピーマンの生育もよくなり、十一月までしっかり収穫しました。たいへんよい結果が得られました。

石灰は大雨が降ると流れて薄くなりますが、少々の雨なら大丈夫です。昨年は二～三回大雨に遭ったので、途中で、もう一回塗布しました。作業時間は一反で三〇分くらいですので、それほど手間はかかりません。

石灰をマルチにかけると雪が降ったようになり、まぶしいので、サングラスをかけて仕事をしたほどです。アブラムシなどの害虫除けにもなったようです。また、果樹園での反射シートの代わりにもできるのではと思うくらいです。

経費はタダみたいなもの

作り方は二〇〇ℓの水に、農協で買ってきた粉状の生石灰（パウダーライム）を一五～二〇kg入れるだけです。生石灰は水に溶かすと熱が出るので、攪拌しながら少しずつ混ぜました。それでも五〇度くらいになるので、熱が冷めるまで待ってから塗布しています。

市販の遮光資材は一五ℓで一万円以上します。それに比べ、生石灰は二〇kg一袋で一〇〇〇円弱、二〇〇ℓ作れるのでタダみたいなものです。ちなみに一反に必要な量は一〇〇ℓほどです。

最初は薄くして、時期に合わせて重ね塗り

いまは、ハウスの屋根にも試しています。あまり濃くすると光が届かなくなると思い、二〇〇ℓの水に生石灰五kgの薄い割合にしました。木工用ボンドも三kg加えました。

ハウスはキュウリですが、光が少ないと軟弱徒長するので、最初は薄いものをかけて様子を見ます。暑さが増し、光線が強くなってきたら、重ね塗りするつもりですが、こちらの効果も楽しみです。

現代農業二〇〇九年八月号
石灰マルチで地温が五度下がった

来春のダイコンは、マルチ＋べたがけ＋品種でコスト高を乗り切る

大分県・戸井田拓也

春ダイコンのトンネルをマルチ＋べたがけに

マルチやビニール、そしてべたがけ用の不織布などは今年六月に二割程度値上がりしました。いっぽう野菜の価格は震災等の影響もあって低迷が続き、農業経営は厳しい状況になっています。

私は大分県竹田市の準高冷地でダイコンをつくっています。来年の春播きのダイコンの資材費は、今年と比べて二～三割高くなることを覚悟しなければなりません。その時になって慌てるのは嫌なので、今のうちに作戦を練って、計画を立てておくことにしました。

まずは一番資材費がかかる、春一番（二月）のトンネル栽培に注目しました。トンネル用のビニールは三～五年使用すればだんだんと透過率が落ちて、保温性は悪くなってきます。またトンネルの設置や開け閉めといった作業はかなり時間がかかっています。自分でやるとしても、実際にはそれだけの労力を要するわけですから、人件費を払ったのと同じです。

そこでトンネルからマルチ＋べたがけ栽培に変える作戦を考えました。べたがけは、資材費と労力を減らせる半面、保温性ではトンネルには負けます。今までの品種では二月中旬より早くに播くと春の寒さで抽苔していました。しかしここ三年試作したTDA701（タキイ）は、べたがけでも抽苔しないことがわかっていました。いよいよこの品種の本格的な出番です。

筆者。標高600 mで周年ダイコンを栽培。主にさしみのツマ用として業務出荷。その他に寒締めホウレンソウなど合わせて10ha（赤松富仁撮影）

資材費四分の一 トンネル開閉作業から解放

べたがけでどのくらいのコストダウンになるのか、大まかにシミュレーションしてみました。まず資材費ですが、トンネルは約二〇万円／一〇aに対して、マルチ＋べたがけは約五万円となり、四分の一。次に人件費ですが、トンネルの設置を一〇aやるのに二人がかりで丸一日かかっていたのが、マルチ＋べたがけでは約二時間ですみます。また温度管理のためのトンネルの開閉作業（一〇a約三〇分）は、べたがけでは不要です。さらに片づけ作業もトンネルよりべたがけが圧倒的に早いわけですから、時給一〇〇〇円としてざっと計算しても三万～四万円は浮くことにな

ります。なにより開閉作業からの解放は気持ちがラクになります。

引っ張り強度がある べたがけ資材を使う

べたがけ資材は二～三年も使うと劣化し裂けやすくなります。とくに留め具を刺したところが弱くなりやすいです。いろいろなメーカーのべたがけ資材を試したところ、タキイ種苗が取り扱っているテクテクネオは引っ張り強度がかなりあり丈夫なので通常のものより一年くらい長く使用できるようです。べたがけ資材の寿命は通常二年といわれていますが、三年は使えないと合わないと思いますし、さらにもう一年延びて四年使えるとなると、ここでも資材費が浮きます。

寒さの厳しい時期は今まで通りのトンネル栽培を続けますが、トンネルかべたがけか迷う微妙な時期には、べたがけとトンネルを両方試してみようと思います。春先には思わぬ寒さに遭うかもしれませんので、絶対ということはありませんが、三〇aでも一〇aでもいいので、少しでもコストを浮かせる挑戦は意義があると思います。

抽苔しにくい品種の登場で広がるべたがけの可能性

思い起こせばわが家とべたがけとの出会いは、二〇年前の『現代農業』で、熊本県小国町の井農夫弥さんの「パオパオ90」の記事を読んでからでした。同じ夏ダイコンの産地ということで、井農夫弥さんをよく知る母が「いいこと載っとる」とさっそくパオパオを買ってきたのです。当時は春ダイコンの一発目は四月上旬のマルチ栽培でしたから、べたがけして三月から播くというのは画期的でした。「あんなことしてちゃ（コストが）合わん」といっていた近所の農家も、翌年にはこぞってべたがけを始めたものです。

その後次々と寒さに強くて抽苔しない品種が登場、変遷を繰り返し、気がつけばべたがけで二月下旬までは確実にいける時代になっていました。

資材高にぶち当たって、昔の『現代農業』の記事（ルーラル電子図書館）と当時買って読んだ本『べたがけを使いこなす』（農文協）を引っ張り出しました。今回中退しにくいTDA701という品種の登場で私のべたがけヒストリーは新たに塗り替えられようとしています。まさに温故知新。べたがけの可能性は無限です。

花（抽台）はタブーの春ダイコンですが、べたがけ＋品種で来春は一花咲かせてみようと思います。

現代農業二〇一一年十一月号
来春のダイコンはべたがけ＋品種力で乗り切る

筆者のダイコンのマルチ＋べたがけ

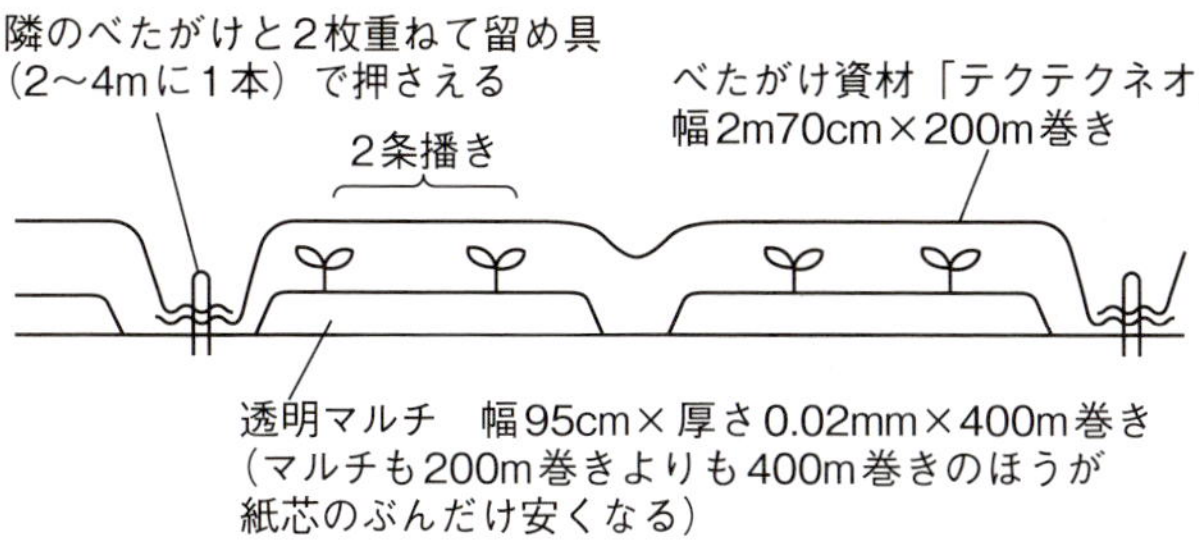

隣のべたがけと2枚重ねて留め具（2～4mに1本）で押さえる
べたがけ資材「テクテクネオ」幅2m70cm×200m巻き
2条播き
透明マルチ　幅95cm×厚さ0.02mm×400m巻き（マルチも200m巻きよりも400m巻きのほうが紙芯のぶんだけ安くなる）

トンネルをマルチ＋べたがけした場合のコストと労力の違い
（10a当たり）

		トンネル	マルチ＋べたがけ
資材費		約20万円（ビニール マルチ 支柱 テープなど）	約5万円（べたがけ資材 留め具 マルチなど）
労働時間	設置	2人で8時間	2人で2時間
	開閉	30分×10～20回	なし
	片づけ	2人で6時間	2人で40分

レタスのビッグベイン病

夏の黒マルチ太陽熱処理で止まった

兵庫県・大崎直也

私のレタス畑。黒マルチ栽培の収穫風景

抵抗性品種でも抑えられない難病

私は兵庫県南あわじ市で主にレタスを栽培しています。脱サラして農業を始め、現在はレタス二ha強、キャベツ五〇aを作付けています。

現在の畑は休耕田だったところで何年も野菜を作っておらず、栽培を始めたころはネキリムシやヨトウムシはたくさんいましたが病気は出ませんでした。しかし連作を続けると、レタスを好む病原菌が増えてきたせいか、だんだん病気も発生するようになってきました。

レタスビッグベイン病もその一つです。この病気は土壌中のビッグベインウイルスをオルピディウム菌が媒介して、レタスの根から侵入します。感染したレタスは葉脈が白く浮き上がって結球しないか、結球しても大きくなりません。

ビッグベイン病は感染してしまうと薬剤による防除ができない難病です。JAあわじ島ではビッグベイン病に感染しにくい品種を導入していますが、それも感染しないわけではありません。ビッグベイン病の激発区でこの品種を導入している友人によると、定植前にキルパーで土壌消毒をしていても抑えきれないといいます。また、耐病性品種はレタスの形状が一般の品種に比べると見劣りしてしまうという欠点もあります。

ビッグベインウイルスを圃場に持ち込まないのが一番の対策なのですが、大雨で水路が決壊すると水と一緒にウイルスも入ってきます。また、近くの圃場で発生している場合は、風で飛んできた土によってもウイルスが運ばれてしまいます。

黒マルチ太陽熱処理二週間で明らかな効果が

とてもやっかいな病気なのですが、三年前、夏に黒マルチを掛けることでビッグベイン病対策になると教わり、効果があったので以来黒マルチ栽培を続けています。

作付け前にウネを穴なし黒マルチで覆って

太陽熱処理する方法で、被覆は七月後半から始め八月中に終えるようにします。定植までの被覆期間は二週間もあれば十分で、植え付けはマルチに穴を開けて行ないます。

黒マルチによる効果は明らかで、前年まで四割ぐらいビッグベイン病の被害が出ていた圃場が、一般品種でもほとんど発病しなくなりました。激発してしまっている圃場では、耐病性品種とキルパーによる防除がやはり有効なのだと思いますが、被害がまだ軽くて耐病性品種だけで乗り切れるくらいの圃場であれば、夏の穴なし黒マルチは超お勧めです。

農業改良普及センターから紹介された技術なのですが、タマネギの出荷調製時期と重なるためか、今のところ当地では実践している人がほとんどいません。また、夏の暑い盛りに被覆作業を行なわなくてはならず、それもネックとなっているようです（私も一昨年熱中症で倒れてしまいました）。作業中の水分補給は怠らないよう気を付けてください。

マルチを張る際、ウネの土壌水分は「畑の土を手に取って、握ると団子ができる状態」より少し多めとなっているといいでしょう。乾いた状態でマルチを張ると、大雨が降ったときにウネがへたって（ウネ面が下がって）、マルチがバタついてしまいます。

ビッグベイン病が発症したレタス。感染すると結球しなくなることも多い

健全生育している株

黒マルチ＆微生物の多様化で成果

私は土づくりを重視したレタス・キャベツ栽培を行なっていて、ビッグベインが出なくなったのは黒マルチのおかげだけではないと考えています。

マルチを張る前に、炭素源としてソルゴーを育て、七月にモアーで刈り倒します。その後すぐに一〇a当たり牛糞堆肥二・五tを投入し、発酵鶏糞を品種によって五〇〇～七五〇kg散布しています。浅く鋤いて土ごと発酵を済ませたら、カキ殻石灰とナタネ油粕をまいています。

有機質資材を使った土づくりを行なっていることで土壌微生物が多様化し、レタスにとって悪い病原菌ばかりが増えることを抑えていると考えているわけです。

ミミズが増えてモグラも寄ってくるというおまけ付きなのですが、欠かすことのできない作業です。

現代農業二〇一二年六月号
レタスのビッグベイン病　夏の黒マルチで止まった

マルチに食用油を塗ったらナスのアザミウマが減った！

JAあいち中央・酒井正実

ローラーを使ってマルチに油を塗るだけ。ハウス内のアザミウマ密度をゼロにしてから塗ったところ、処理区は無処理区の４割程度の傷果で済んだ

三河促成なす部会（五七名、約一三ha）のJAあいち中央支部（九名）では、近年、アザミウマ、特にミナミキイロアザミウマの被害が深刻化している。栽培初期からのローテーション防除で対処しているものの、被害が多発する生産者もいる。

月一回の圃場巡回の際、マルチに油を塗るだけでアザミウマが減るということが話題になった。『ミナミキイロアザミウマ　おもしろ生態とかしこい防ぎ方』（永井一哉著・農文協）という本に書かれていることである。

それによると、アザミウマは蛹になる時に地面に落下する性質があるため、マルチに食用油を塗っておくと幼虫がくっついて死ぬという。

この話を聞いた部会員の一人が、後日、試験的に圃場の半面のみで実践してみた。すると、マルチに油を塗ったハウスの半面ではアザミウマの発生が少ないことに気付いた。

この結果が口コミで広まり、今年度は支部内で五名が取り組んでいる。

使っているのは食用のキャノーラ油である。通路に流れない程度の量の食用油をマルチに垂らし、これを塗装用ローラーで広げるだけ。効果の持続期間は概ね二ヵ月である。

塗布時期は定植一ヵ月後（十～十一月）と、その三～四ヵ月後（二～三月）の二回。一回目でまず飛び込んだアザミウマの増殖を抑える。その効果が切れ、飛び込みが再び増えるタイミングに二回目の塗布を行なう。

油の量は一〇a当たり一八～三六ℓ程度で、約六〇〇〇円のコストとなる。

現代農業二〇一四年三月号
ナスのアザミウマが減った！
マルチに食用油

マルチ穴の雑草は海砂で抑える

兵庫県姫路市・山下正範さん（編集部）

タマネギやニンニクなど初期生育の遅い野菜は、マルチ穴から生える雑草のほうが伸びが早く、対策が必要。山下さんは、マルチ穴に砂を入れると効果絶大だという。砂ならなんでもいいが、建材店で安く買える海砂を使う。マルチのバタつきを押さえる効果もある。

現代農業二〇一四年五月号
マルチ穴の雑草は海砂で抑える

ヨトウムシ対策にポリマルチ＋通路に雑草

青森県横浜町・鈴木謙さん（編集部）

二・六町で有機無農薬野菜をつくる鈴木譲さんは、キャベツやハクサイなどの結球野菜には黒マルチだけでなく、通路に雑草を生やして、いわゆるリビングマルチにしている。何も知らない人が見たら、「あーあ、鈴木さんあんなに草生やして」と思われるだけだが、これがじつはヨトウムシの類に最高に効果を発揮するらしい。

鈴木さんの観察によると、ヨトウムシはマルチよりも通路の雑草の中を好む。マルチの上にのこのこ出ようものなら、天敵に見つけられてしまう。わざわざ危険を冒さなくても雑草の新芽で腹いっぱいになるから、マルチの上の野菜なんて見向きもしないのだ。

もし通路に雑草がなかったらどうなるか？　ヨトウムシはマルチの穴の中に隠れて野菜をかじるようになるそうだ。ある時、鈴木さんのお母さんが通路の雑草がみっともないと、きれいに抜き取ってしまったことがある。すると翌朝にはキャベツが穴だらけ！　たった一晩の出来事だった。

雑草が伸びて作物の風通しや日当たりを悪くするようなら、地際から五㎝ほど残して刈り倒す。するとヨトウムシは刈り倒した雑草の下にもぐり込む。そこからまたおいしい雑草の新芽が出てくる。なるほど、居心地最高の雑草の中に引きこもりたくなるヨトウムシの気持ち、わからないでもない。

現代農業二〇一一年五月号
ポリマルチ＋通路に雑草
ヨトウムシにやられない

鈴木さんのキャベツ畑。ベッドにはポリマルチ、通路に雑草を生やす

サトちゃんに聞く　管理機の使い方Q＆A

Q マルチ張りが大変、一人じゃ張れない

福島県・佐藤次幸さん／神奈川県・今井虎太郎さん（編集部）

力いっぱい引っ張っているのに、ほとんど進まない。マルチもかからない

ウネ立てもマルチ張りも、どうしてもキレイにできないんです。まっすぐいかないし、高さも凸凹になるし…。

とくにマルチ張りは大変なんです。思いっきり機械を引っ張らないと進まないから、一列やるだけで握力なくなるくらいキツイ。しかもマルチにうまく土がかからないから、嫁さんに付いて歩いてもらって土をかけてってもらわなきゃいけない。大変な作業みたいで、「もうっ！　代わってよ！」とか言われてケンカになったり…。

こう悩みをうちあけるのは、新規就農六年目の今井虎太郎さん（神奈川県伊勢原市）。名人のサトちゃんこと佐藤次幸さん（福島県北塩原村）にマルチの張り方を教えてもらった。以下はそのときのやりとり。

A 機械の設定がメチャクチャ

最後は一番苦労しているというマルチ張り。作業を始めても…ほとんど進まない。機械を無理矢理引っ張っている感じだ。マルチに土もかからないので、あとから奥さんの睦さんが、ウネをあっちへまたぎ、こっちへまたぎと追いかけてクワで土をかけて歩く。たしかに、これはお互い大変そうだ。（以下、「**サ**」はサトちゃん、「**今**」は今井さん）

サ：いやー、苦労してるねぇ。

今：今日は結構できが悪くないと思ったんですけど…。マルチかかってますよね。

サ：これで⁉　俺から見たら零点だよ。ほら、マルチの下に隙間できてんでしょ？　ちょっとはがしてみな。

今：…凸凹ですね。

サ：ほらね。こんな隙間だらけじゃ風が吹いたらバタバタしてすぐはがれるぞ。それに保温もうまくいかないから苗植えても育ちがバラバラ。二～三割はクズタマネギになんじゃ

いちおうマルチがかかっている部分も、下は隙間だらけ（倉持正実撮影、以下※すべて）

これじゃ0点

はがしてみると、ウネが凸凹

後日、春一番にあおられて見事にはがれてしまった

ねぇの？

今：ええ、だいたいそんな感じです。マルチ張る時点でダメだったのか…。

サ：そう。だいたい機械の設定がメチャクチャなんだよ。爪の配置が適当だからウネができないし、そもそもつくろうとしてるウネとマルチの幅が合ってないからちゃんとかかるわけない。機械の仕組み考えてよーく見てみな。

現代農業二〇一一年五月号
サトちゃんに聞く　管理機の使い方Q＆A
Qマルチ張りが大変、一人じゃ張れない

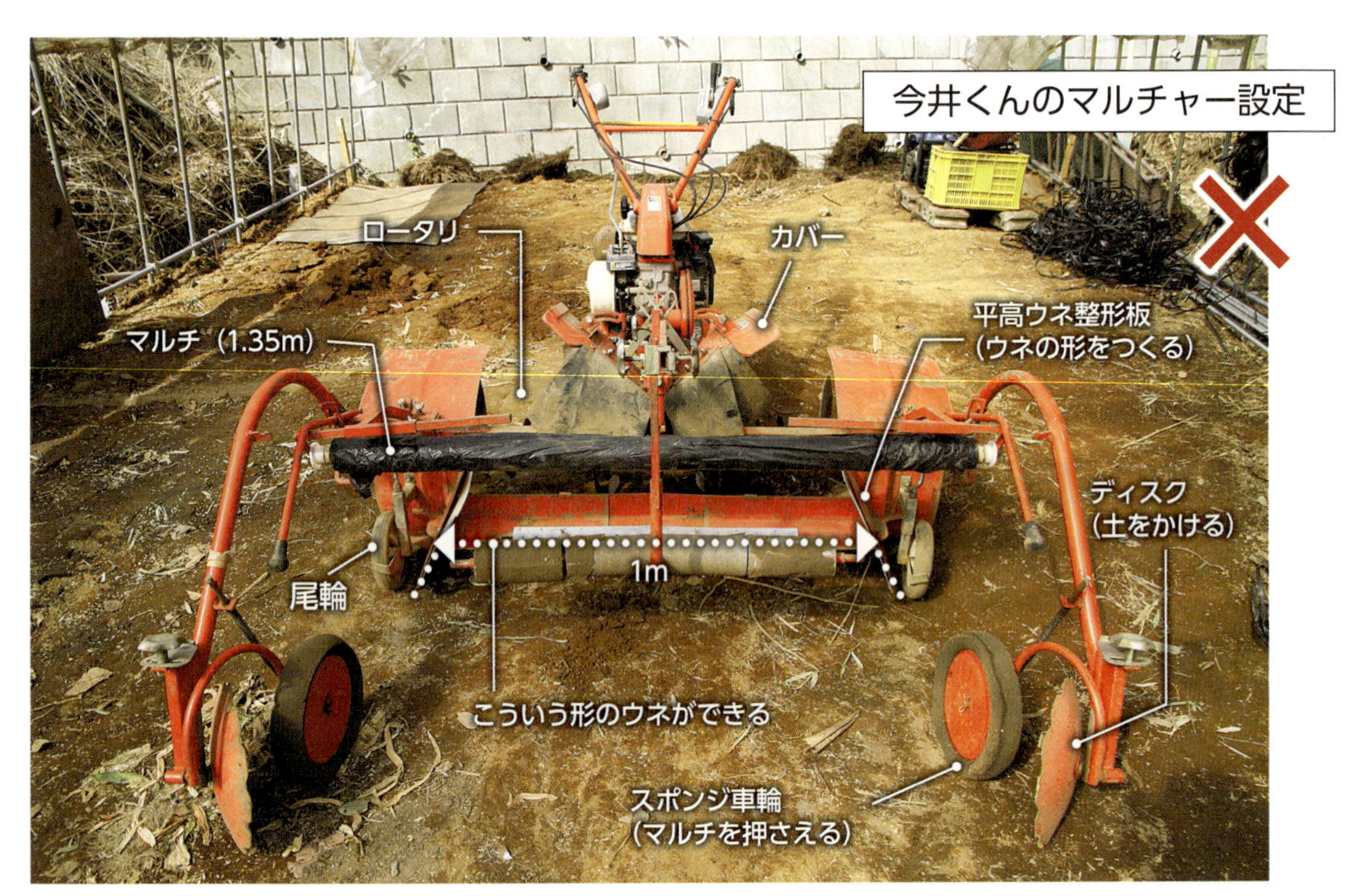

マルチャーは藤木農機の「平高畝整形セット」。二輪管理機とセットで近所の人から中古で譲ってもらったので説明書もなく、感覚を頼りに使っていた。今井くんは、1m35㎝のタマネギ用の穴あきマルチを使い、ウネ面の幅を1mにしてマルチを張るつもりでセット。ロータリのカバーは、ウネ立てのときと同様に上げたままだった（※）

ロータリの爪配置はノータッチ。爪配列の幅が狭かったので、整形板が爪より外側の土を抱えて抵抗になっていた。しかもカバーが上がっていたので、巻き上げた土も逃げてしまっていた

ロータリの爪配列と整形板・カバーの関係

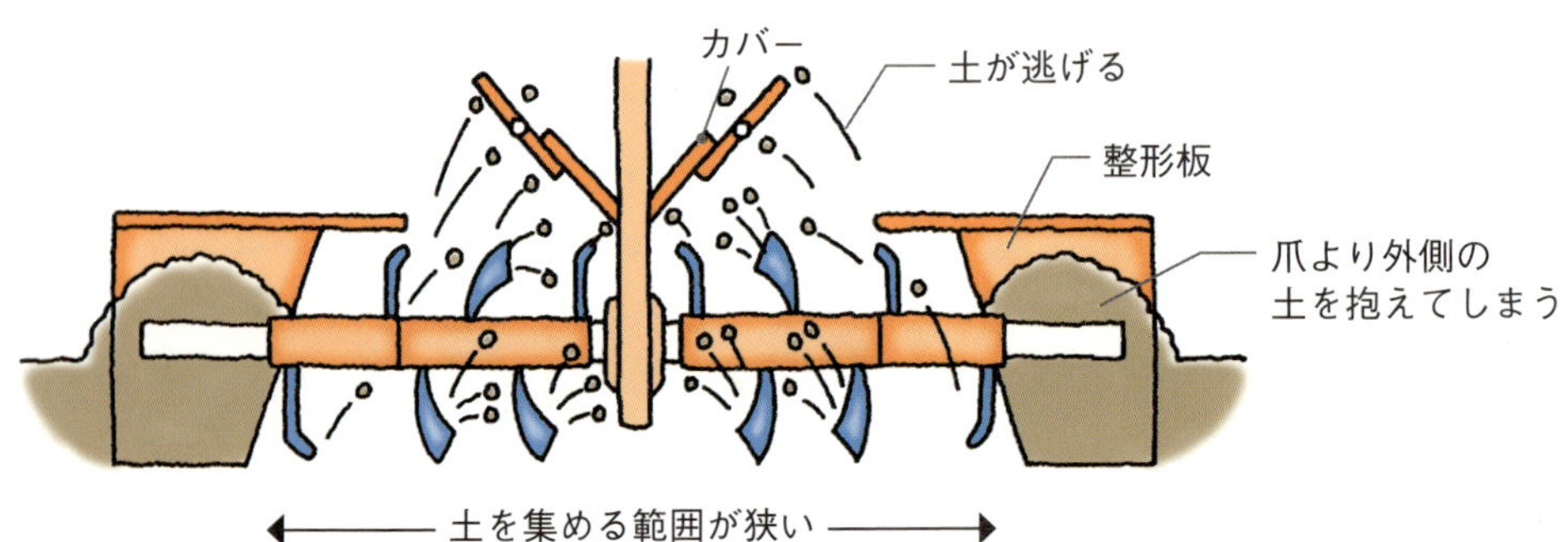

平高ウネ（ウネ高15㎝以上）用のマルチャーで1m35㎝のマルチを使うなら、ウネ面の幅は85㎝が限度。スポンジ車輪がウネ裾を少し踏むくらいにして確実にマルチを押さえるようにする。ロータリのカバーを下げ、幅も広げて（スライド式）、整形板との間に隙間ができないようにする。正しい設定の仕方はマルチャーの説明書を見れば書いてある（※）

ロータリの爪の配置も、爪が整形板よりもほんの少し（1～3㎝）外側に出るように幅を調整。カバーも下げて土を逃がさないようにしたので、確実に土が内側に寄せられる（※）

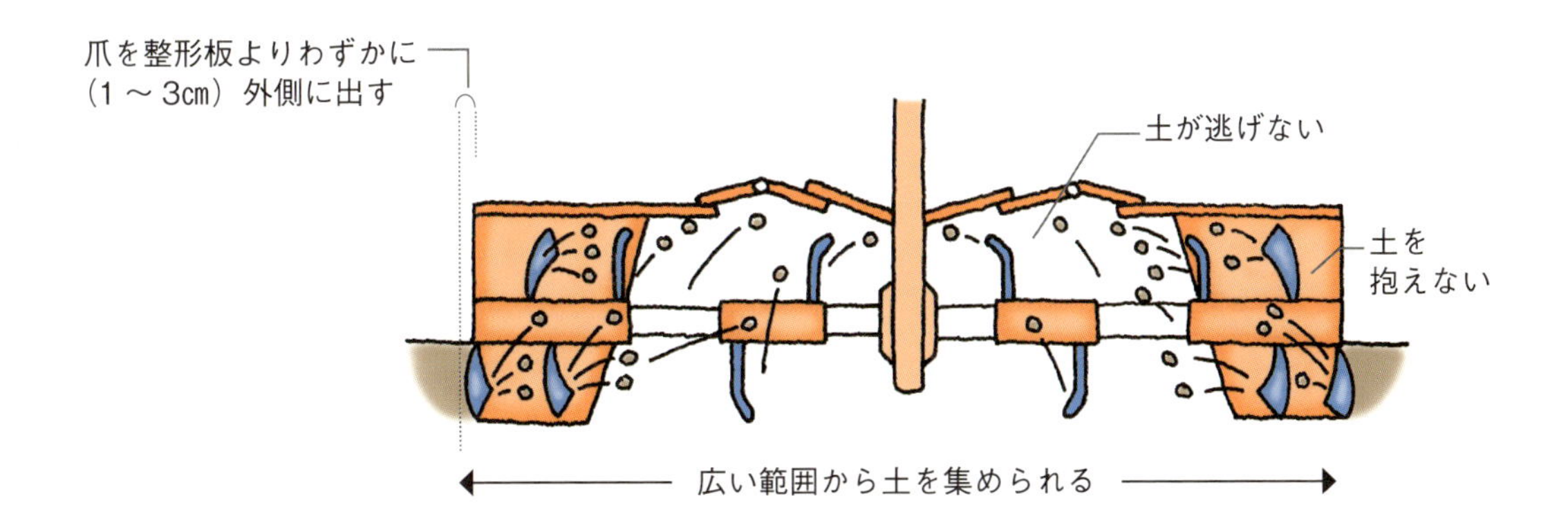

左右の尾輪の高さを調整すればウネの高さも一定になる。土を抱えこまないので、引っ張る必要なし。走行ギア2速（改善前は1速）でもラクラク進んだ（※）

真っ平らなウネができ、鏡のようにマルチが張れた！（※）

通路のマルチ張りに
二重マルチ張り機

長野県・大島寛さん（赤松富仁）

土寄せいらずの一本ネギ栽培の考案者の一人、大島寛さんはアイデアマン。今度はウネ立てマルチ張り機をちょっと改造して、一回のウネ立てマルチ張りで、通路までマルチを張れるようにした。

ふつう通路に防草マルチを張る場合、風の強さに神経を使う。一人がマルチを伸ばしながら、もう一人が風で飛ばないように土を載せていくなんてことになる。二人でやっても突風が吹いたら「いったんもめん」のごとく風に舞い上げられてしまう。ところが大島さんの改造マルチ張り機は、二枚重ねでウネにマルチを張っていってくれる。あとから上のマルチだけを真ん中で切り、通路に広げていけばいいから強風下でもへっちゃらだ。

大島さんと改造したウネ立てマルチ張り機。マルチの筒を２つセットできるので、二重にマルチを張れる

既存の金具

新しく付けた金具

幅はマルチの太さを見込んで決める

下の刃先にビニールテープを巻くとよい

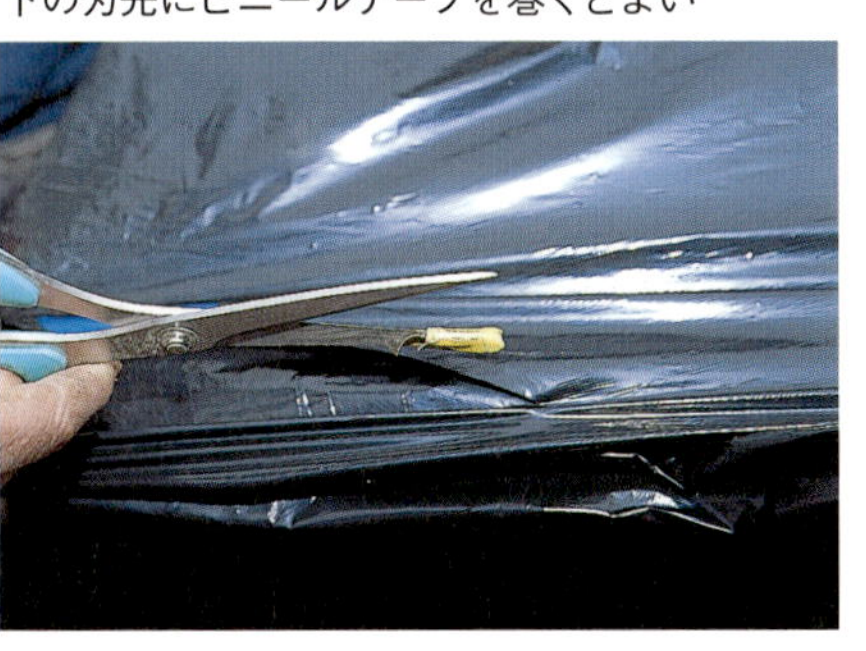

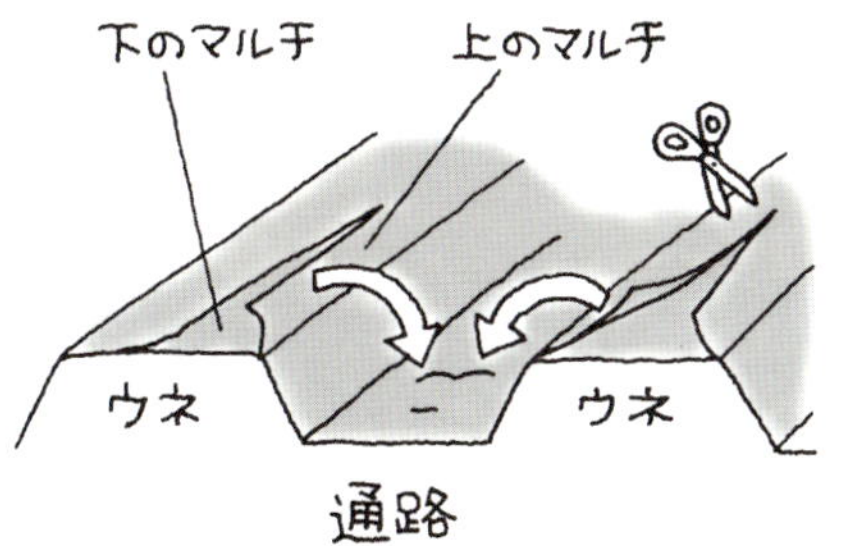

通路も含めて一発でマルチを張ったネギ畑。除草知らずだ

二重マルチを張り終えたら…

1）上のマルチを指でつまんで、下のマルチに穴をあけないようにウネの中心をハサミで切っていく。

2）切り開いた上のマルチを通路に重ね合わせて、土を載せて重しに

改造といっても大げさなことではない。マルチの筒をセットする金具をもう一つ分付けただけ。知り合いの鉄工所に頼めば半日仕事だろうし、溶接機を持っていれば自作もできそうだ。

現代農業二〇一〇年七月号
通路のマルチ張りがラクラク
二重マルチ張り機

収穫台車を使ってマルチを延ばすのを再現（圃場はすでにマルチ張り済み）

収穫台車を使った イチゴの一人マルチ張り器

鳥取県・金村明美

以前、イチゴのマルチ張りの時期は、夫がコンバインの仕事に出ていたため、マルチ張りは私が一人でやっていました。一人でも作業しやすいようにと考えてくれたのが、収穫台車を使ってマルチを延ばす方法です。

収穫台車に添え木を付けて、マルチの芯にパイプを通したものを引っかけられるようにしてあります。トイレットペーパーの要領です。木切れとパイプハウスの廃材を利用したので、材料費はかかっていません。

イチゴのマルチ張りは、すでに植わっている苗の上にマルチを延ばし、カミソリで切り込みを入れて、そこから葉をマルチの上に出して進みます。二条植えなので、片側だけやると反対側のイチゴの葉がマルチの下で焼けてしまいます。人手があれば二人で両側の作業ができますが、一人なのでウネをまたいで行ったり来たりしながら両側の作業をします。またぐのは大変ですが、収穫台車でマルチを少しずつ延ばしていけるので助かります。

現代農業二〇一三年五月号
収穫台車を使った
イチゴの一人マルチ張り器

水やり・施肥がラクラクのマルチに変身

マルチ穴あけ器

福島県・三浦一郎

かん水の手間と資材代を減らしたい

「今年は、雨が降らなかったので野菜がよくできなかった」とよくいわれるように、野菜作りでは、かん水設備を第一に考えなくてはなりません。

しかし一方で私は、マルチ掛けトンネル栽培を長年にわたって続けているうちに、手間と資材代がかかりすぎることに気づきました。一般的には、中高のウネの真ん中に野菜を植え、その両側にかん水チューブを一～二本通して上からマルチした状態になっています。このかん水チューブの敷設に手間と経費がかかるわけです。

これを改善するために私は、ウネの上面を平らにすることにしました。平らか、むしろ野菜（ピーマンなど）を植える中央を両側より低いくらいにします。そして、ウネを覆うマルチの全面に、小さい穴を無数にあけるのです。すると、かん水チューブなど使わなくても、マルチの上からホースで水をまけば、マルチの下はジョウロで水をまいたようにうまい具合に土が湿ってきます。

雨が降ってもホースで水をまくのと同じことですから、かん水回数の軽減にも役立ちます。

マルチ穴あけ器の作り方と使い方

さて、そのマルチの穴あけ器、といっても簡単なものですが、厚さ二cmくらいの適当な大きさの板（三〇cm×二〇cmくらいで、割れにくいものがよい）を用意。立ったまま作業できるように、板の中央に穴をあけ、一mくらいの竹を打ち込んで握りとします。そして、板の上から長さ四cm（一寸五分）くらいの釘（細いほどよい）を数多く全面に打ち抜けばできあがり。

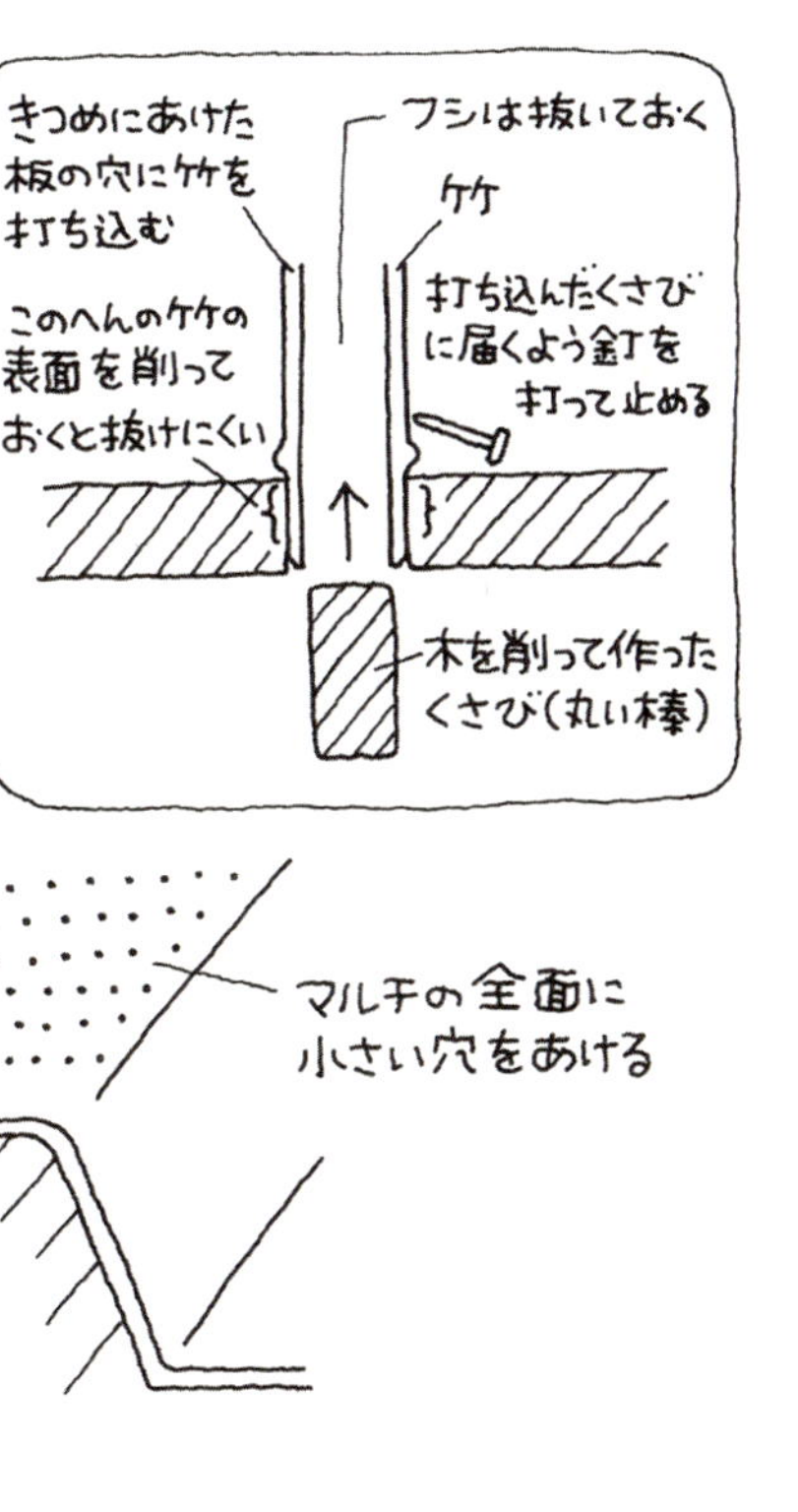

穴あけ器を使うのは、朝、涼しい時間帯がよいでしょう。マルチが冷えてピーンとはっていると、小さい穴がきれいにあきます。穴が大きすぎるとそこから雑草が生えるので大

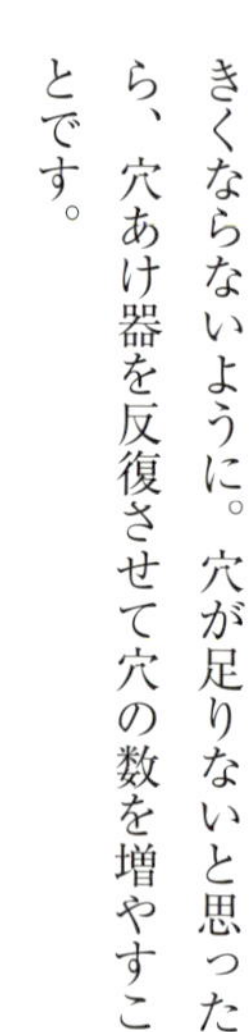

きくならないように。穴が足りないと思ったら、穴あけ器を反復させて穴の数を増やすことです。

マルチの上から追肥も自由自在

最後に、追肥のやり方。ウネ上面が平らなので、粒状の肥料ならマルチの上にバラまきしておけばいいでしょう。かん水を繰り返すあいだにとけて追肥になります。液肥の葉面散布をするときは、かん水分の水も加えて追肥とかん水の同時施用。雨の前の粒状肥料散布もおもしろいでしょう。

このマルチ穴あけ器は長年使っているが、穴が小さいので温度が下がるようなことはありません。皆さんも試してみてください。

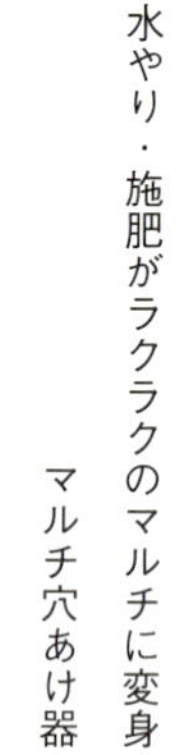

現代農業二〇〇八年四月号
水やり・施肥がラクラクのマルチに変身
マルチ穴あけ器

マルチ穴あけ器を手にした筆者

腰が痛くならない マルチ穴あけ器

福岡県・田中貞征

露地栽培で一番大変なのは雑草対策だが、私は除草剤を使用しないためマルチが欠かせない。だが、穴あきマルチでは雑草が生えてくるうえ、株間や条間を自由に変えられない。穴なしマルチを使い、穴あけ器を自作することにした。

初めは杭が一列のものを作って手で押していたが、腰が痛くなってしまった。そこで杭を二列にして数を増やしたうえ、足で踏んで穴を開けるように改良したところ作業がラクになった。

植え付け株間は、いろいろな幅で試した結果、私の栽培方法では一七cmがベストだと考えている。

現代農業二〇一四年五月号
腰が痛くならないマルチ穴開け器

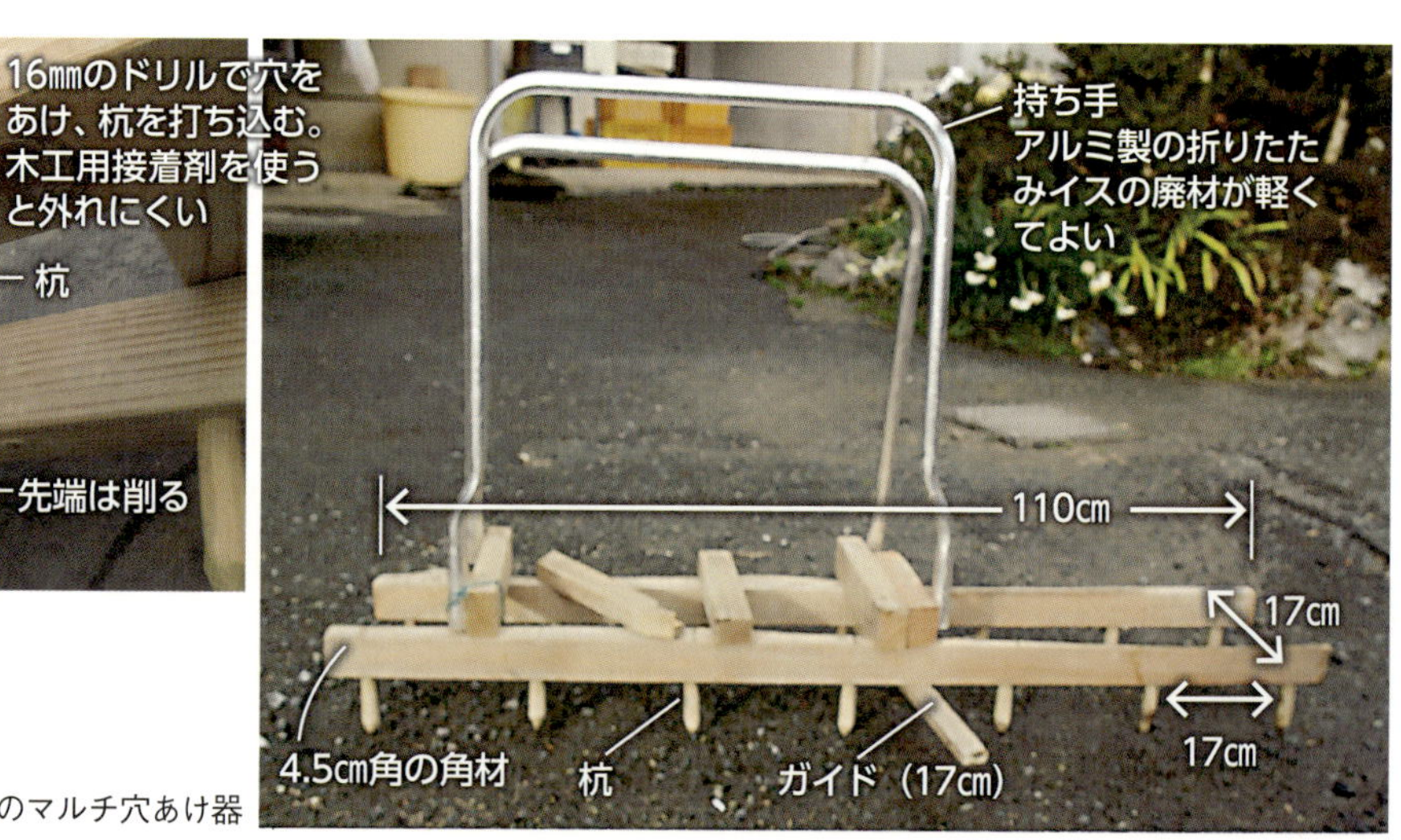

タマネギ用のマルチ穴あけ器

廃材利用で手作り マルチ穴あけ器

熊本県・稲葉茂見

私は、中古の機械や廃品を利用してあれこれ工夫するのが好きでいろいろ作ってきました。ここで紹介するのはポリマルチの穴あけ器。同様の道具は市販品もありますが、ステンレス板と廃品の鉄パイプなどを組み合わせて作りました。

丸くきれいに抜けるので、マルチの端が苗にふれて焼けたりすることがありません。一度に一五〇穴ずつくらい続けてあけられます。切り抜いた丸いマルチをヒモで束ねて回収に出せるのも便利な点です。

現代農業二〇〇二年十二月号
廃材利用で手作り　マルチ穴開け器

マルチ穴開け器の使い方

ポリマルチの上に勢いよく突き刺していくと丸い穴があく

矢の部分に、抜いたマルチが重なっている。ピンを刺す穴にヒモを通して、これをヒモで束ねることができる

ヒモ

丸く抜いたマルチ

ステンレス板

矢を留めるピン

ステンレス板と鉄の廃材を溶接して作った

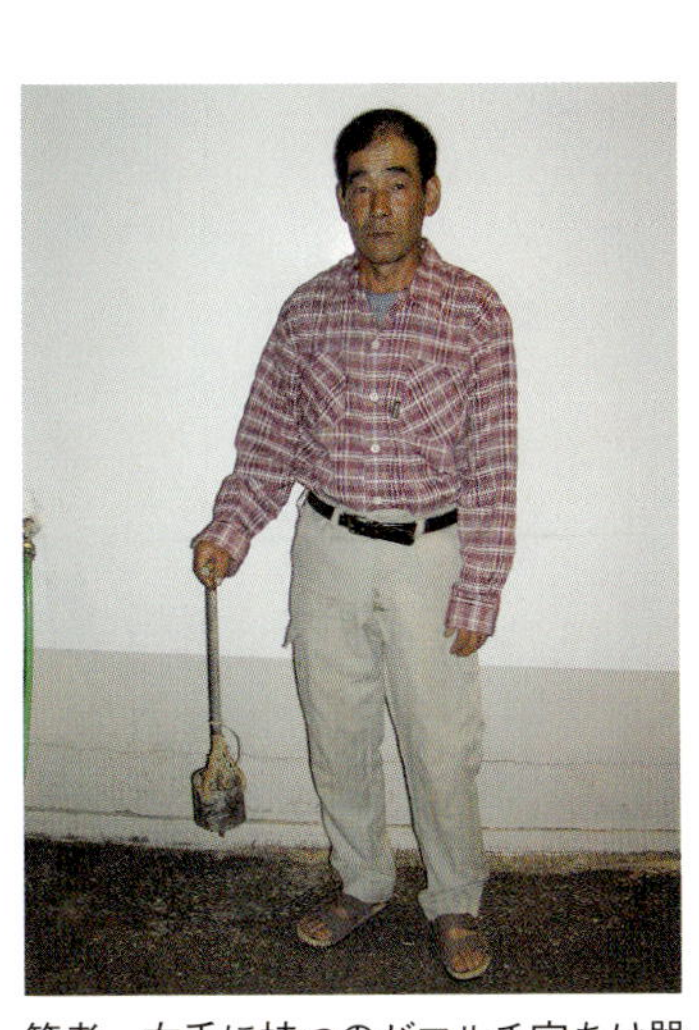

筆者。右手に持つのがマルチ穴あけ器

切れ味バツグン マルチ穴あけ器

長崎県・永田康幸

以前は熱した炭を入れた空き缶をマルチに当て、熱で穴をあけていたが、切り抜いたマルチを1回ごとにはがす作業が面倒だった。試しに塩ビパイプで穴あけ器を作ってみたところ、切れ味よく成功。作業時間は空き缶利用の5分の1になった。

先端のパイプは薄手のVUタイプにして、パイプソーでギザギザの刻みを入れてヤスリをかけると、スパンスパンと穴があく。刃先が石に当たっても曲がらず長持ちする。先端のパイプと異径ソケットを替えれば穴の径の変更もできる。

※除草剤の空き容器は異径ソケット代わりに使った

現代農業二〇一三年十一月号
切れ味バツグン
マルチ穴開け器

チーズ25㎜
VP25㎜
身長に合わせて長さを調節
水栓ソケット25㎜
除草剤（1ℓ）の空き容器
VU100㎜
異径ソケット VU70×100㎜

マルチを破かない長靴ならこれ！

長野県・井澤すいみ

川上村のレタス農家はだいたい持っている長靴です。両方ともかかとが平らなので、マルチの上を歩いてもマルチが破れにくい！

衣料品店で買ったゴアテックス（防水透湿性素材）の長靴。蒸れにくい、軽い、土が中に入りにくい。でも、脱いだり履いたりがちょっと不便

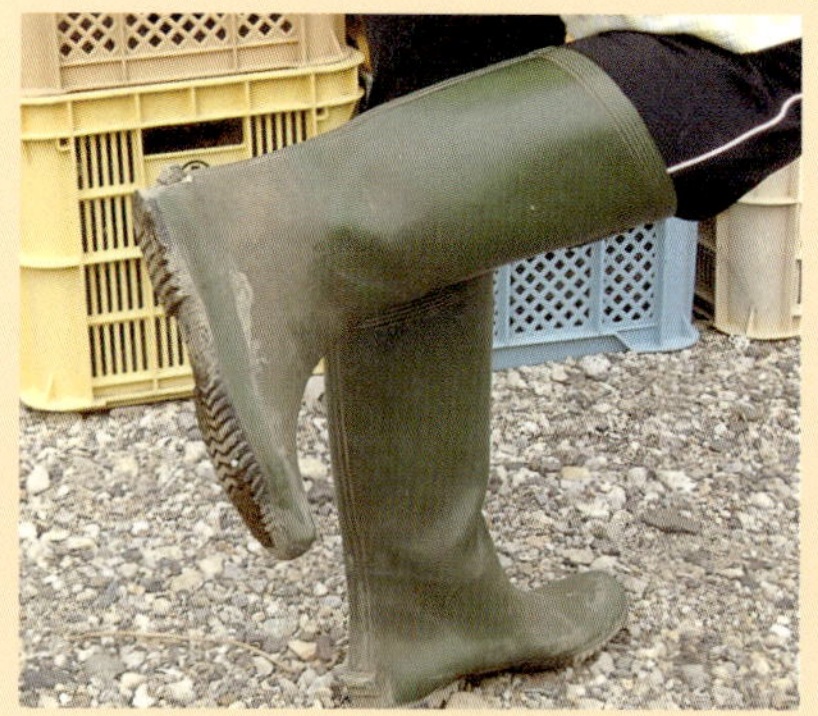

園芸ブーツ
上から土が入りやすいが、ゴアテックスよりも低価格。底が厚いので、石の上に乗っても足が痛くない
（福山ゴム工業
TEL084-920-7111）

現代農業2009年5月号
マルチを破かない長靴ならこれ！

留めるのも片付けもラク

麻ヒモマルチ留め

熊本県・入江健二

戸車レール

ハウス用パイプ（Φ32㎜）

マルチを留める長さ70㎝ほどの麻ヒモと、麻ヒモを埋め込む自作の道具（赤松富仁撮影、以下も）

戸車レールの先端（右）は叩いて平たく加工した

以前は、マルチの端留めに土を載せていました。しかし、土を置くと溝が浅くなり、排水が悪くなりました。そこで麻ヒモです。ヒモで押さえるだけなので排水性はそのまま、ヒモは自然に腐るので回収の必要がない、土をいじらないので作業がラクになりました（ウネ間に垂れるマルチの裾は、マルチャーで土をかけながら留める）。

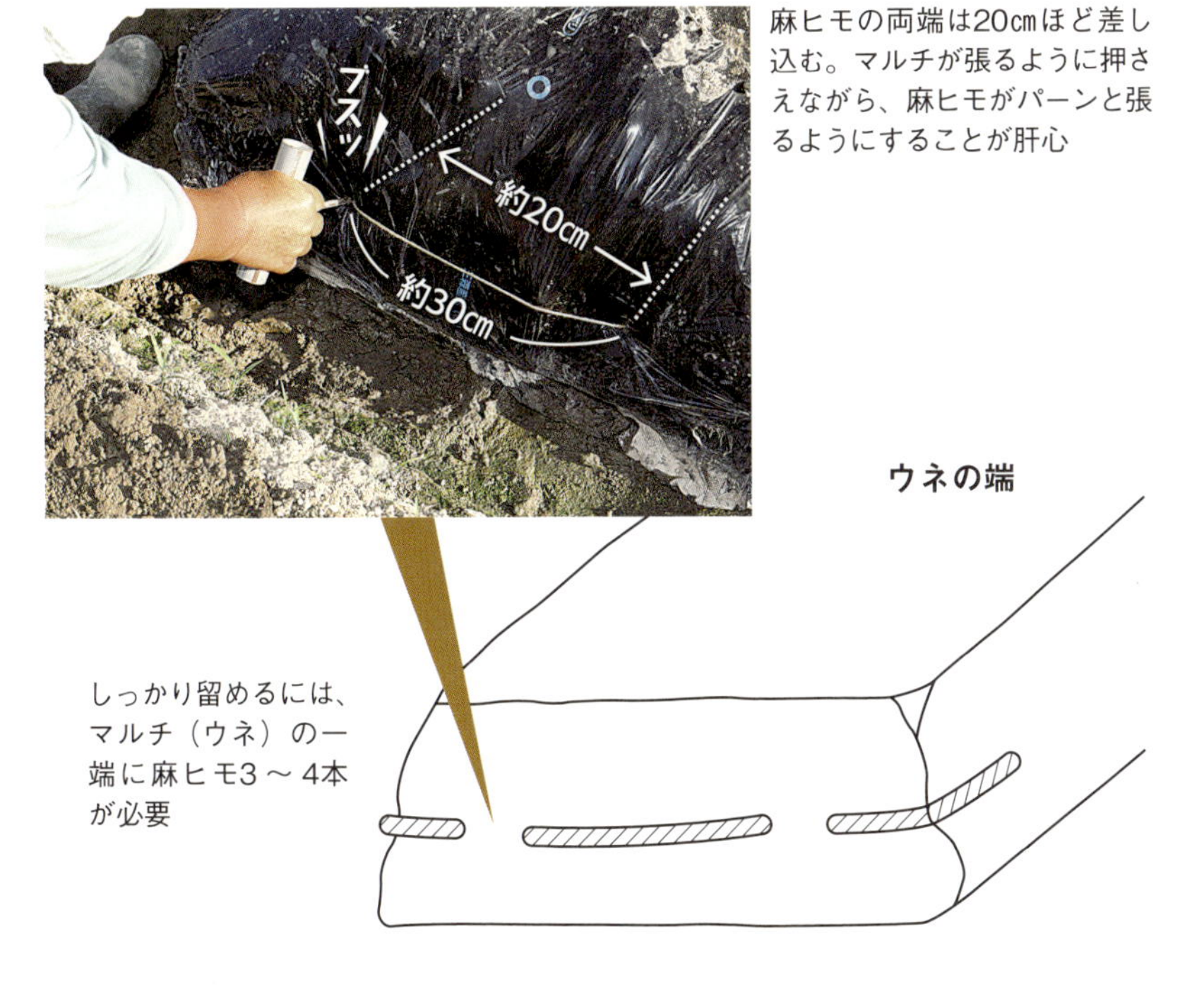

麻ヒモの両端は20㎝ほど差し込む。マルチが張るように押さえながら、麻ヒモがパーンと張るようにすることが肝心

しっかり留めるには、マルチ（ウネ）の一端に麻ヒモ3～4本が必要

現代農業二〇一四年三月号　留めるのも片付けもラク　麻ヒモマルチ留め

これなら一人でもできる！ マルチの片付けテクニック

兵庫県・井原英子

主人（井原豊・故人）は資材を大事に使いました。畑を引き継いで五年になりますが、新しく買ったのは黒マルチ一〇〇m巻き三本だけ。私が畑で使っているビニールも支柱も杭もすべて主人が使っていたものです。寒冷紗やパオパオなど、破けると幅広のガムテープやセロハンテープで穴をふさぎました。今でもマルチをのばすと、ところどころ主人の修繕のあとがあります。最終回はマルチの片付けについて紹介します。

マルチはタテに折り畳みながら巻く

マルチは、主人がいたときには巻き取り機を使い、二人で息のあった片付けをしていました。でも、一人で片付けるようになったら巻き取り機は使えませんので、マルチを両手でたぐり重ねて片付けました。マルチは右手に持ったまま左手を伸ばしてつかみ、たぐり寄せては右手で重ねつかんでいきます。

ところが、マルチは長いので右手だけでつかむには意外に重く、厚くなっていきます。そのうち、ちょっとした拍子でマルチの束が抜けてしまいます。最初からやり直し。そこで、もっと上手にコンパクトに片付ける方法を考えつきました。

まず、マルチの端から適当な長さまでタテに三つ折りに畳み、クルクルとまるめます。ある程度まるめたら、また適当なところまで三つ折りに畳み、まるめます。これを繰り返せば、マルチを固く巻くことができ、端もズレにくくなってきれいにまるめられます。これで、一人でラクに片付けられます。

なお、黒マルチを片付けるときは表裏をひっくり返し、十分に干してからにします。マ

私と菜園（写真はすべて平蔵伸洋撮影）

ルチは支柱のように錆びたりせず、腐ったりカビたりするものでもありませんが、こうしておくと軽くなり、水気や泥でベタベタしないので片付けやすくなります。

古マルチはボロボロになるまで使う

古マルチにも上等と下等があります。次に使うとき、いちいち広げて確かめるわけにもいきませんから、片付けたときに今度何に使えるか、メモなど目印をつけておきます。古マルチも植え穴がふさがるように二枚ズラして重ねれば何回かはウネの上で使えますが、さらに古くなってきたら別の使い方をします。

畑は全面積を全部使うわけではなく、次の作付けのため、また、忌地にならないよう場所を空けたりします。そういうところに古くなったマルチを敷いておくと草抑えになり、作付け後も草取りがラクになります。マルチの下の土はいつもフワッとしているので、耕しやすく、肥料が馴染みやすい土になっています。

さらにボロボロになってしまったら、小さく畳んでヒモで十字がけに結び、田んぼの水戸のせき止めに使います。隙間なくしっかり水が止まるので重宝します。そして、いよいよ水も止まらなくなったらゴミに出します。これだけ使ってやれば本望でしょう。黒マルチは私にはなくてはならない必需品です。

古マルチは傷み具合で目印を！

支柱は一〇本単位にヒモでくくる

トマト・ナス・ピーマンなどの支柱を片付けるときは一〇本単位にヒモでくくりつけます。こうしておくと、次の作付けのとき、株数を覚えておけば必要な支柱の数を勘定しやすく、くくりごと畑にもって行けます。作業の途中で支柱が足りなくなって納屋に戻ることはありませんし、余っても数本ですから垣根作りや支柱を固定する杭代わりにしたりと、ついで仕事に使えます。

支柱は表面がハゲたりして錆びやすいので、土から抜いたあとは中に水がたまっていたら出してやり、しばらくウネの上にそのまま倒しておきます。これで天日や風にさらして乾かせば、錆が防げるし、ついた土も簡単に落とせるので納屋を汚すこともありません。

支柱はヒモで両端二ヵ所に二回まわしてくるとゴソゴソせず、ラクに運べます。納屋では横積みにせず、頑丈なハシラに立てかけ、大きくヒモをまわしておけば崩れず、場所を取らないし、勘定しやすいです。

一人でできへんから待っとんやでー

主人に「オイ、オーイ！」といわれて顔を出すと、「今からたくさん片付けるから早く表へ出て来い」。私が家の中で何をしていようとお構いなし、「一人でできへんから待っとんやでー」と、自分の都合で私を追いまわします。私が行くと、サンサンネット、寒冷紗、黒マルチの片付けが始まります。

でも、今は一人、何をしても一人。仕事が夫婦仲良くできれば、誰にも迷惑をかけず、いいたいことをいいながら過ごせます。主人はとてもおもしろくてユーモアのある憎めない図々しさの持主でした。

連載させていただいた一年間は短く感じました。井原豊の妻として文章が載り、写真で顔まで出てしまい、穴があったら入りたい気分でした。毎月の慣れない文章作りもとても苦痛でしたが、何とか終わりました。これもひとえに読者の皆さんのおかげです。本当にありがとうございました。

現代農業二〇〇二年十二月号
菜園づくり今月のビックリアイデア
マルチは一人でラクラク片付け

回収が楽しくなる
マルチ巻き取り機

熊本県・入江健二

土や水が付いたままのマルチを回収するのは大変な作業。それでも「明日は雨」となったらどうしてもやらなければならない。だけどラクにやりたい――。この機械は、「マルチ回収＝楽しい」となるように考えました。

マルチを巻き取る筆者。1秒で1m40㎝ほどのマルチが巻き取れる（赤松富仁撮影、以下も）

巻き取り車はエンジンの動力で回転（減速機も使用）。使わなくなったイグサの苗掘り取り機や、一輪車のタイヤを利用し、5万円で鉄工所に作ってもらった

巻き取ったマルチの1カ所を縛り、反対側をノコ鎌等で切って取り外す。ハウスの中で干して乾燥させれば軽くなり、マルチの処理費が安くなる

現代農業二〇一四年三月号
回収が楽しくなるマルチ巻き取り機

バインダーで
小型マルチ巻き取り機

鹿児島県・有村輝明さん（編集部）

約一〇haの畑でダイコンやサツマイモをつくる有村輝明さんの自作マルチ巻き取り機の動力はイネ刈り用のバインダー。刈り取り部等を取り外し、エンジンから動力を取り出し、巻き取り車を回転させる。バインダーのいいところは、自走するうえに、手元のレバーで回転速度を調整できること。

現代農業二〇一四年三月号
バインダーで小型マルチ巻き取り機

巻き取り機の簡単な仕組み

マルチの後片付け不要！
もう元には戻れない生分解マルチ

群馬県・堀口保利

いいところなしだったが…

土中微生物に分解されるという生分解マルチを、露地ギクに使い始めたのは六年くらい前。エコファーマーを取得するにあたり、普及センターの職員から試供品を提供してもらったのがきっかけでした。その後自分でもメーカー六社から試供品を取り寄せて試しました。しかし使い始めの頃の生分解マルチはいいところはまったくありませんでした。

その頃の生分解マルチは、マルチャーで横に引っ張りながら張ると伸びずに裂けました。横に引っ張らずになんとか張れたとしてもしわが残り、機械定植で結局裂けていました。また分解が早いために、生育初期から自然に破れて草が生えたり、土に埋まっている裾から分解してめくれ、風でバサバサはためいたりしていました。

おととし、伸びるよう改良された生分解マルチを導入。マルチャーで張っても定植機で植えても、普通のポリマルチと変わらなく使えます。しかし劣化の早さは問題を残していました。

やぶれにくくなり使い勝手向上

昨年新たに使ったのが分解の遅い生分解マルチです。これまでの生分解マルチは表面がざらざらしていましたが、新しいのはつるつるしています。ざらざらよりもつるつるのほうが微生物が喰いつきにくいため長もちするというのです。今までは定植後一カ月くらいから破れが出ていましたが、新しいマルチの破れ開始は一カ月延長。初期の草と乾燥が抑えられ、軽度の破れで採花までいけます。

価格は高くても元には戻れない

生分解マルチはポリマルチよりも水分を透過するので、マルチ下の土が乾燥しやすいようですが、土壌水分が十分ある時にマルチを張ってすぐ定植すれば問題はありません。夏の暑い時期でも、ポリマルチのように照り返

生分解マルチの最大のメリットは後片付けがいらないこと、とくにキクではそのメリットが大きいと堀口保利さん

しによってキクが焼けることがないのは、マルチを通して土からの水蒸気が上がるからでしょうか。生育後半は破れたマルチの隙間から雨水が入りますので乾燥は防げます。ついでに追肥もできるので、破れることもメリットに感じています。

生分解マルチの最大のメリットは、マルチの後片付けがいらないことです。とくにキクは株が張ってマルチを剥がすだけでもたいへんな労力です。そのまま耕耘してしまえば春までに分解。処分する費用も浮きます。またマルチの切れ端が風で飛ばされても「いずれ分解する」と思うと気がラクです。

価格は普通のポリマルチの二～三倍しますが、とにかくラクなのでもう元には戻れません。

現代農業二〇一一年五月号
生分解マルチ
ずいぶん使いやすくなってきた

丈夫で長持ち、「モラサン」でマルチ

長崎県・本田昭夫さん（編集部）

マルチは何回も使い回しているとボロボロになってしまう。西海市の本田昭夫さんは、意外な物に目を付けた。それは、屋根瓦などの下に敷くシート「モラサン」。これをマルチとして使う。

モラサンは、厚さ一㎜と分厚く丈夫で重量があり、ホームセンターに行けば二〇m五〇〇〇円程度で売っている。

本田さんいわく、「上に乗っても簡単に破れないから植え付け作業がとてもラク。草抑えに最適。重量があるから、鉄パイプなどでマルチの両側を押さえるだけで、ずれたり剥がれたりしない。だから、マルチ張りも片付けもラク」なのだそうだ。一度購入すれば、何回でも使える。

なお、植え穴を開ける時は、マガ（馬鍬）のような古い農具の歯の部分で突き刺せば簡単。レタスやキャベツ、ホウレンソウなどの葉物野菜のマルチとして愛用している。

現代農業二〇一四年三月号
あっちの話こっちの話

畑で堆肥ができる、天敵のすみかも提供

有機物マルチの効用と使い方

鯉淵学園教授・涌井義郎

「混ぜ込む」のが土づくりではない

土づくりとは、有機物を土の中に「入れる」こと、すなわち「混ぜ込む」ことだとつい考えてしまうように思います。しかし、畑の全面に有機物を混ぜ込むようになったのは耕耘機やトラクタが登場してからのこと。昔は必ずしもそうではありませんでした。全面耕耘の歴史はせいぜい五〇年くらいの浅いものです。

近年は、耕し過ぎの害もあるように思います。東北や北海道のように低温期間の長い地域は別ですが、暖かい地域では、頻繁に耕すことで有機物の分解を早めて地力低下を促してしまいます。過度の耕耘は団粒を破壊し、土壌微生物の生息を一時的にかく乱する作業であることも知っておくことが必要です。

きれいに耕されて雑草もない裸の土は、風雨の浸食を受けやすくなります。寒暖の差が大きく、紫外線にさらされ、乾燥しやすくて、団粒は壊れやすくなります。さまざまな昆虫や微生物にとっては棲みにくく、生物相は単純化して病害虫が発生しやすくなります。

マルチしながら堆肥ができる

有機物は毎回混ぜ込む必要はありません。むしろ、最初は土の表面に敷いて表土保全に使い、その作が終わってからすき込むほうが土づくりに役立ちます。

固い地面にワラを厚く敷いておくと、数カ月後にはワラの下のほうがほどよく分解し、ミミズが繁殖し、固かった地面はいつのまにかフカフカと柔らかくなっていることをご存じかと思います。これは表土からの土づくり効果で、森林の「腐葉土に覆われた柔らかい土、団粒が発達した土」と同じ作用が働いたためです。ミミズや微生物が、分解有機物を土に混ぜ込んでくれるのです。この効果を畑でねらいます。

一般に堆肥つくりは手間がかかります。そこで、堆肥材料をウネ間に敷いて畑で分解を促進させると、堆肥つくりを省略できるわけです。ワラや落ち葉、刈草、生ゴミ、野菜クズなどいろいろな有機物をマルチに使うということです。土の表面にいる昆虫や微生物が下から少しずつ分解してくれて、栽培終了後にトラクタで耕耘すれば、堆肥施用と同じことになります。

有機物マルチは土の寒暖の差を小さくし、土の過乾燥を防ぎ、雨風を遮断するので、表土での有機物分解菌の活動を促し、表土から団粒をつくってくれます。こうした効果はフィルムマルチでは得られません。

フィルムマルチと比べてどちらが合理的かは、栽培作物にも地域にも、季節にもよるので総合的に考えますが、土づくりの観点からは有機物マルチを一考してみる価値があります。

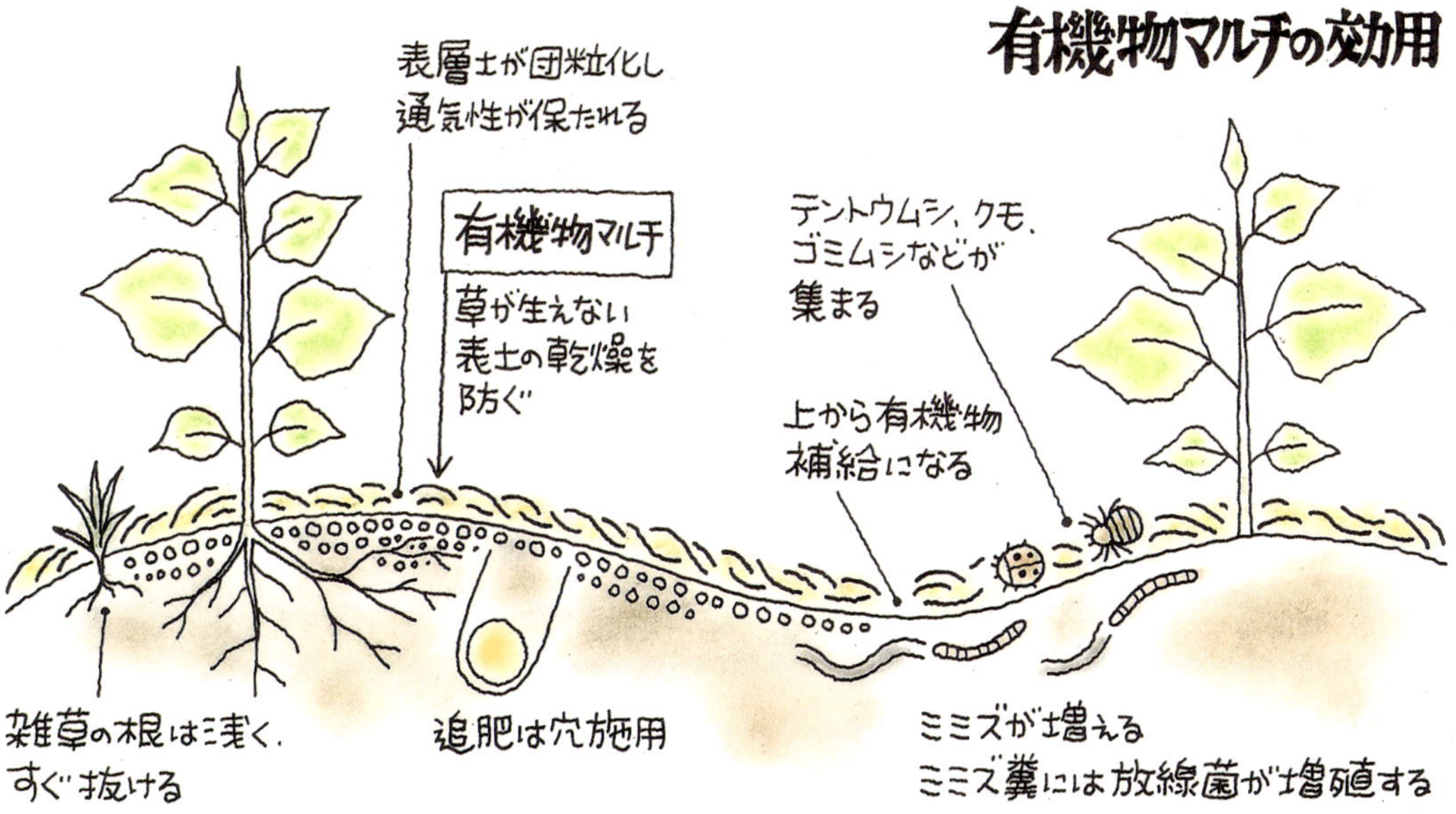

有機物マルチの効用

表層土が団粒化し
通気性が保たれる
有機物マルチ
草が生えない
表土の乾燥を
防ぐ
テントウムシ、クモ、
ゴミムシなどが
集まる
上から有機物
補給になる
雑草の根は浅く、
すぐ抜ける
追肥は穴施用
ミミズが増える
ミミズ糞には放線菌が増殖する

草を抑える、生えても抜くのがラク

銀色や黒色のフィルムマルチは雑草抑制効果が高くて便利ですが、一定のコストがかかり、廃棄処分も考えなくてはなりません。この点、有機物マルチは手間だけ考慮すれば、経費がかからず、雑草を抑え、天敵集めの効果もあります。処分はすき込めばよく、土づくりには絶好で大きなメリットがあります。

たとえば、野菜苗の周囲からウネ間にいたるまで、全面を有機物で覆ってしまいます。利用できるのは、ワラ、落ち葉、モミガラ、刈草、堆肥などです。ただし、堆肥だけは土に近いので草の発芽を誘いやすい。堆肥を敷く場合は、この上に刈草やワラを敷くとさらに効果的です。

雑草種子の多くが、発芽時に光を必要とする「光発芽種子」ですので、有機物マルチによる光の遮断が発芽を抑えます。マルチの下で発芽する雑草があっても、その後の生育を物理的に邪魔します。たまたま隙間から伸び上がった雑草も、根はマルチのすぐ下で横に伸びるので比較的浅い。抜き取りは通常の場合よりずっと簡単です。

天敵、放線菌が殖えて病害虫防除

優れた農業技術の妙味は、一つの作業が複数の効果を生み出すところにあります。土づくりや雑草抑えのほかに、有機物マルチは病害虫防除にも役立ちます。

ワラやイネ科の刈草をマルチすると、野菜の栽培期間中に適度に分解するでしょう。これをすき込むことを継続すると理想的な土ができます。とても柔らかくて団粒化に優れ、ケイ素の持ち込みもあって耐病性を強めます。また、ミミズが増え、ミミズ糞に放線菌の増殖も期待できます。落葉樹の落ち葉マルチも同様に効果的です。

なお、この際、分解を早め、病原菌の繁殖を抑えるために、米ヌカや生ゴミ処理物などを薄く散布するのがコツかと思います。ダニや雑草の発生も少なくなるように思います。

有機物マルチの下には、ミミズのほかにも多くの小動物が棲みつきます。地面をチョロチョロ走る地グモが多く棲みついて、コナガ

有機物（敷きワラ）マルチをしたナス（7月中旬）。近くにエン麦（左奥）を栽培し、敷きワラをすると害虫被害はほとんどない。有機物マルチは天敵のすみかにもなる

やハモグリバエなどの害虫を捕食します。ゴミムシ、オサムシ、ニワハンミョウ、コメツキなども増えてきます。これらの小動物はマルチにした有機物を食べるものと、その動物をエサにするために集まる天敵とが混在します。いずれにしても、こうした小動物の排泄物は微生物のエサになり、マルチ下の表土は有機物分解菌が多くなります。昆虫の死骸から供給されるキチン質は、拮抗菌の一つである放線菌の増殖を促します。

有機物マルチの使い方

▼直播き野菜に切りワラマルチ

直播き野菜の場合は、切りワラマルチが便利です。インゲン、エンドウ、ダイズなどは、播種後のウネ上に薄く切りワラを被せ、ウネ間に多めに敷きます。ワラの間から発芽して茎が伸び上がったら、ウネ間のワラを株元に寄せます。土寄せを行なうときは、ワラの上に土を被せればよい。ダイコン、カブ、コマツナなどは芽生えが小さいからワラが発芽を邪魔するので、ワラはやはりウネ間に敷きます。ワラの細断作業が必要ですが、最終的にこれを堆肥つくりの手間と考えればよいのです。

▼フィルムマルチと組み合わせて

果菜類では、早春から有機物マルチにすると地温が上がりません。関東以北では、春はウネにフィルムマルチ、ウネ間に有機物マルチするのがいいでしょう。初夏からはウネのフィルムも有機物マルチに替えれば、過度の地温上昇を抑え、土の適湿度を保てます。

▼不耕起栽培には必須

また、こうした有機物マルチは、不耕起栽培には必須です。堆肥とワラ・刈草・落ち葉のマルチングで、雑草抑制とともに表土からの施肥・土づくりができます。野菜クズ、果菜の剪定枝なども、そのまま貴重な有機物として活用できます。

▼草生と組み合わせて

さらに、有機物マルチを草生と組み合わせると、なお応用範囲が広がります。ウネ間にヘアリーベッチやマルチムギ、間作として所々にエン麦のウネをつくるなどすると、草の中にテントウムシやアブラバチなどの天敵を養えます。エン麦は伸び上がったら刈り取ってそのまま敷きワラに。ムギ類は、株元一〇cmを残して刈り取ればまた伸び上がってくれます。

フィルムマルチと比べて確かに手間はかかるのですが、有機物マルチの効用は大きなものがあります。読者の皆さんの、さまざまな応用を期待しています。

現代農業二〇〇四年四月号
畑で堆肥ができる、天敵のすみかも提供
有機物マルチの効用と使い方

イナワラマルチで天敵をふやし チャノホコリダニを防ぐ

（編集部）

天敵カブリダニが倍近くも多い

七〜八月、暑くて乾燥してくると出てくるナスのチャノホコリダニ。虫メガネでも見えないくらい小さいのに、生長点を止められたりガクを白くされたりとなかなか厄介な害虫だ。

ところが埼玉県春日部市庄和地区で減農薬のナス栽培に取り組む人たちには、ほとんど被害が出ていないらしい。

その秘訣は、以前から庄和地区の方々がしっかりやっていたイナワラマルチ。埼玉県農林総合研究センターの根本久先生が現地を見たところ、イナワラマルチをしているナス畑では、ポリマルチの畑と比べて天敵であるカブリダニの数が倍近くも多い。さらに夏場の照り返しが緩和されて温度も上がりにくいためか、チャノホコリダニがほとんどいなかったらしい。

チャノホコリダニにやられ、ヘタが褐変したナス
（写真提供：木村裕）

イナワラマルチの敷き方

ただしイナワラマルチは、定植時から敷くと地温が上がりにくく、ナスの活着が悪くなったりするのが課題。そこで定植時にはポリマルチ、ナスが根付く六月上旬に改めてイナワラマルチを敷くようにしたほうがいい。

ポイントは、イナワラを敷くのは必ず梅雨前に、少々面倒でもポリは外すかめくって株元に寄せてからにすること。ある程度湿り気があり、土に接していたほうがワラの分解は進む。このとき出てくる分解者を食べる天敵としてカブリダニもふえてくると考えられるからだ。

この方法、無農薬の有機栽培畑で実践しても、被害はかなり減っているという。

現代農業二〇一〇年六月号

チャノホコリダニはイナワラマルチで防ぐ

ポリマルチを山草マルチに替えて殺菌剤ゼロ、殺虫剤半減の米ナス

高知県・中越敬一さん（編集部）

ポリマルチをやめた

中越敬一さん（三五歳）の米ナスのウネにはポリマルチが張られていない。その代わりに細かく切った山草などがウネ全体を覆っている。

中越さんがつくる米ナスの雨よけ栽培だとふつう、ウネの乾燥予防や雑草対策、スリップスやアブラムシよけのためにシルバーのポリマルチが張られることが多い。実際、中越さんも、米ナスをつくり始めて三〜四年はシルバーのポリマルチを張って栽培していた。でもその後、ポリマルチを張るのをやめてしまった。

ポリマルチの下は水分が多すぎて、ボカシが腐ってしまった

中越さんがポリマルチをやめたのは、ポリマルチの下では微生物がすみにくいと思ったからだ。

あるときポリマルチをめくると、せっかくふったボカシ肥料（EMボカシ）が腐敗して臭くなってしまっていた。張り方にもよるが、ポリマルチの下は水分が多すぎることがあるからだ。それに、ボカシ肥料をふるのに、いちいちポリマルチをめくるのも面倒だった。

それから、葉かきした葉っぱやわき芽はミネラルも含む肥料源だからハウスの外へ持ち出すのはもったいない、と地面に落としていたのだが、ポリマルチがあるとカラカラに乾燥するばかりでちっとも肥料にはならなかった。だったらポリマルチをやめて、ウネの上にボカシ肥料や有機物をおいて表層を発酵させておけば、落とした葉っぱもすぐに分解されて肥料になるだろう。山の木々みたいに、落ち葉を表層に堆積させて、土着菌や益虫たちによって発酵・分解させるような循環をつくりたい…。

ウネ全体を覆う有機物を見せる中越敬一さん。有機物は山草主体に、モミガラ堆肥、ナスの枯れ枝など（写真はすべて赤松富仁）

ウネの上に山草、収穫残渣、モミガラ堆肥をマルチング

そこで中越さんは、まわりにいくらでもある山草や、収穫残渣（ナスの枯れ枝）、モミガラ堆肥をマルチ代わりに被覆することにした。いわゆる有機物マルチだ。

マルチのやり方は年によって違うが、今年は通路にあらかじめ有機物マルチの材料とボカシ肥料をおいてから管理機で培土した。こうすると簡単にウネを有機物で覆うことができる。またこの工程に欠かせないのが、山草や収穫残渣を細かく切るカッターだ。発酵のための有機物マルチをするには敷き草もいいが、微生物が食いつきやすく細かく裁断してくれるカッターは欠かせないとのこと。

ちなみに中越さんのウネは不耕起。だから中越さんの有機物マルチは同時に施肥でもある。このあと、追肥としてウネにボカシ肥料や発酵鶏糞などをおいていく。

葉っぱがきれいで樹に活力がある感じの中越さんの米ナス。とくに米ナスは花が落ちにくく灰色カビ病が出やすいといわれるが、灰色カビ病は見当たらない

シルバーのポリマルチをしても虫害は出るときは出るし、浅根になりやすいので灰色カビ病にも弱いという（写真は中越さんのナスではありません）

殺菌剤はゼロ、殺虫剤も半分以下

さてその後である。おもしろいことに中越さんのハウスでは病虫害があまり問題にならない。現在、殺菌剤の回数はなんとゼロ、殺虫剤は月に一～二回ですんでいる。

もちろん、病害虫の発生は作物の栄養状態を抜きには考えられないし、中越さんもまずはナスを健康体にすることを第一に施肥をしている。たとえば灰色カビ病はチッソ過剰だと出やすいからやりすぎないようにしているし、いま全国的に深刻なススカビ病は逆にチッソ不足だと出やすいので追肥が遅れないようにしている。万が一ススカビ病が出たら木酢や黒酢をかけることもある。かん水は点滴チューブでやるから、ハウスの湿度が高まりすぎないので病気が出にくいのかもしれない。

害虫の発生も基本的には作物の栄養状態だと思っているが、四㎜の防虫ネットと最低限の農薬は使う。天敵に優しい残効の少ないものを選んで、スリップスにはスピノエースやラノー、オンシツコナジラミにはラノー、ハダニにはダニトロン、コロマイトなどを使っている。でもそれにしても、六月から十一月までシーズン中の殺虫剤の散布回数は六～一〇回、殺菌剤ゼロというのは少ないと思う。

有機物マルチの表層は生き物がいっぱい

取材当日、有機物マルチを三カ月前にすませた定植直前のウネを掘らせていただいた。すると表層は山草やモミガラ堆肥などがカラカラに乾いているが、数センチ掘るともう湿っている。その下も素手で抵抗なく掘れて、手がねちゃねちゃとするほど湿っている。中越さんいわく「水持ちがめちゃくちゃよくて、水はけもいい」土だ。

その表層は、これぜんぶがミミズの糞かと思うようなコロコロとした団粒層で、掘ると、やはりミミズが次々に飛び出してきた。敷いてあった山草（カヤ）を一本タテに割ると、その中にも小さなミミズ。さらに土を掘ると、たくさんの白い小さな虫がフワーッと飛んだ。白い菌糸に包まれた山草もある。中越さんのいう「土着菌や有益な虫たち」がいっぱいいる感じだ。これらが病原菌や害虫を食べてくれているのだろうか。当日は残念ながら確認できなかったが、地元で「ハシリダニ」と呼ぶよく動き回る白くて丸いダニもいっぱいいるという。これがハダニとかを食べているのかもしれない。

有機物マルチは湿度調節もしてくれる

それから、ウネの上に山草やモミガラ堆肥があると、それが余分な湿度を吸ってくれるようだという。とくにハウスを閉め切る夜の湿度が急に上がりすぎないのが病気を出にくくしているのかもしれない。中越さんの考えはこうだ。

「無菌のような環境でも、作物が健康体でなければ病気になるし、かえってきれいにしすぎると免疫力が下がります。私のハウスは菌だらけで、きれいな環境ではないけど作物は健康体だし、菌どうしの拮抗作用が働く。一口にはいえませんが、いろんなことが連鎖的に絡んで病気が出にくくなるということだと思います」

マルチはじめは土が乾くのでかん水は多めに

ちなみに、ポリマルチを有機物マルチに替えると、有機物が土になじむまではウネが乾くので、かん水を多めにしたほうがいい。その他は、スリップスやアブラムシの忌避効果が薄くなるかもしれないとか、雑草対策を心配したが、どれも取り越し苦労だった。雑草はぶ厚い有機物マルチのせいで発芽しても大きくなれないようだ。

現代農業二〇〇四年六月号
ポリのマルチを山草マルチに替えて、殺菌剤ゼロの米ナス

ウネに摘葉した葉っぱや果実を落としても、有機物マルチならすぐ発酵してくれる。白いのはボカシ

有機物マルチの主原料である山草。これが作物を強くしてくれる!?

ネギの根本に米ヌカマルチ 草ばかりか病気も減った！

鹿児島県・児島有男

除草剤散布したのに ネギの根本に草がびっしり

畜産農家の方に飼料畑として貸していた畑に、深ネギを植え付けました。五月十日、「ひっぱりくん」で定植。ところが、飼料作の後地とあって、想像以上に雑草が芽を出しました。定植後に除草剤のトレファノサイドを散布したのですが、なんとネギの根元いっぱいに小さい草の芽が出てきたのです。除草剤散布後、三〜四日で芽を出した草は、輸入草の青ゲイトウとコセンダン。コセンダンはキク科で、小さい花がいっぱいついた草です。トレファノサイドは輸入草には効き目がないのですね。小さい草がネギの根元にびっしりで、かといって根元を掻き回すこともできず、本当に困りました。

その夜ふと頭に浮かんだのが、水田除草に使用した米ヌカ！　私は田んぼの米ヌカ除草を始めて四年になります。田の草にも効くのだから、畑にも使えるかもしれない……。翌日すぐ実行しました。

米ヌカで、草が日に日に黄色に

五㎜くらい伸びた草の二枚の葉までが隠れるくらいに散布しました。量は一〇a当たり一五kg入り七〜八袋くらいだったと思います。散布の幅はネギを中心に一〇〜一五cmくらい。あまり広く厚く散布すると酸欠状態になってネギのほうにも悪いかもと思うので、このくらいにしました。

日が経つにつれ、なんと草の葉の色が黄色になり、ヌカにより抑制されていくのが目に見えてきました。思わずヤッター！　とガッツポーズ。一五cmくらいに伸びたネギのほうは、根も深く埋まっているせいもあってか元気なままでした。

善玉菌のせいか 軟腐・白絹も少なくなった

善玉菌も出るようで、ヌカに青赤黄白のカビがいっぱいついてきました。私は山でよく土着菌を採るのですが、そのときに見るカビとそっくりで、「畑でも菌が出るんだなあ」と感心しました。おかげで軟腐病、白絹病等の発生も少なくなったようで、「これが、『現代農業』によく載っている『米ヌカ防除』か……」と納得。

土寄せ後の草にも効果

土寄せ後もまた草が生えてきたので、もう一度やりました。やはり同じように草が消えていきました。おかげで化学肥料の追肥も減らすことができたと思います。

ネギも一〇a当たり二五〇〇kg穫れました。よその人にも少しずつ届けてやりましたが、「このネギは店の物よりか甘くておいしい」と喜んでくれたので、今年も頑張りたいと思います。

現代農業二〇〇四年四月号
米ヌカマルチ　畑のネギにも米ヌカ除草
病気も出なくなるみたい

竹肥料マルチなら
葉も根も元気で、甘く、病気に強くなる

兵庫県・衣笠愛之さん（編集部）

各地の山でどんどん繁殖している厄介ものの竹。だが、工夫次第でこれが宝物に変わる。

兵庫県夢前〈ゆめさき〉町の衣笠愛之さんは、近所の竹やぶから竹を切ってきて植繊機にかけ、竹肥料にしてもっぱら畑にまいている。竹肥料とは、生の竹を植繊機という機械で繊維状にしたもので、使い方は土の表層にマルチするだけ。

竹肥料で作った野菜は「とにかく甘い！しかも病気に強い！」。竹肥料には微生物を増やして根張りをよくしたり、野菜や米を甘くするパワーがあるそうなのだ。もちろん、土の表面にマルチすることで保水効果や抑草効果もあるというすぐれもの。

以下、衣笠さんの竹肥料活用の様子を写真で紹介しよう。

表面に白っぽく見えるのが竹肥料。タマネギ定植時に5cmほどの厚さで表面にマルチする。竹肥料で育てると、まず、葉が元気。普通は生長するにつれ、だんだんと葉が垂れてくるのに、収穫が終わるまでピンと立って青々としている。
元肥に鶏糞とモミガラで作った堆肥を反当たり2tほど（チッソ成分で2.6kgくらい）入れ、定植後に竹肥料を表面にまいておくだけで、追肥なしで、しまりのいい甘〜いタマネギが穫れる。雑草も生えにくいし、生えても抜きやすいので大助かり。竹肥料マルチは、マルチにもなるし肥料にもなるのだ

ふわふわの竹肥料

郵便はがき

おそれいります
が切手をはって
お出し下さい

1078668

東京都港区
赤坂郵便局
私書箱第十五号

（受取人）

農文協
読者カード係
行

http://www.ruralnet.or.jp/

◎ このカードは当会の今後の刊行計画及び、新刊等の案内に役だたせて
いただきたいと思います。　　　　はじめての方は○印を（　）

ご住所	（〒　　－　） TEL： FAX：
お名前	男・女
E-mail：	
ご職業	公務員・会社員・自営業・自由業・主婦・農漁業・教職員（大学・短大・高校・中学・小学・他）研究生・学生・団体職員・その他（　　）
お勤め先・学校名	日頃ご覧の新聞・雑誌名

※この葉書にお書きいただいた個人情報は、新刊案内や見本誌送付、ご注文品の配送、確認等の連絡のために使用し、その目的以外での利用はいたしません。

● ご感想をインターネット等で紹介させていただく場合がございます。ご了承下さい。

● 送料無料・農文協以外の書籍も注文できる会員制通販書店「田舎の本屋さん」入会募集中！
案内進呈します。　希望□

■毎月抽選で10名様に見本誌を1冊進呈■（ご希望の雑誌名ひとつに○を）

①現代農業　　②季刊 地 域　　③うかたま

お客様コード

お買上げの本

■ご購入いただいた書店（　　　　　　　　　　　　　書店）

本書についてご感想など

今後の出版物についてのご希望など

の本を求めの機	広告を見て（紙・誌名）	書店で見て	書評を見て（紙・誌名）	インターネットを見て	知人・先生のすすめで	図書館で見て

新規注文書 ◇　郵送ご希望の場合、送料をご負担いただきます。

入希望の図書がありましたら、下記へご記入下さい。お支払いはCVS・郵便振替でお願いします。

	（定価）¥	（部数）　部
	（定価）¥	（部数）　部

460

左が竹肥料マルチ区のタマネギの根、右が生分解性黒マルチ区の根。左のほうが根が長く、量も多い。それに、表層には細かい横根がたくさん張っている。竹肥料マルチのほうが根張りがいいので、収穫のときはぐっと力を入れないとタマネギが抜けないほど。ちなみに、去年は春先雨が多く、黒マルチのほうはベト病が出てしまったが、竹肥料のほうはいっさい出なかった

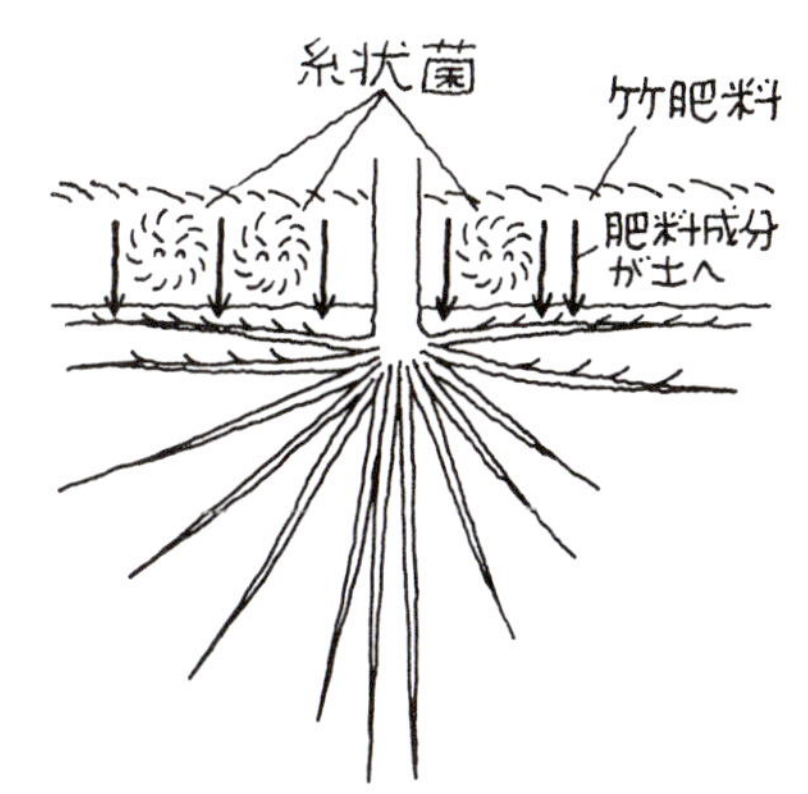

竹肥料をまいて２週間もすると、竹の中に白い糸状菌などの微生物が増え始め、竹の分解が始まって、糖分やミネラルなどの肥料成分が土に溶け出す。その養分を吸うためか、竹肥料マルチ畑では土の表面近くのごく浅い部分にもよく根が伸びる

不耕起トマトにも竹肥料マルチ。タマネギ同様定植時に厚さ５cmにまく。株元にはアブラムシよけと日照不足を補うためにアルミホイルも敷いてみた。土の表層に竹肥料があると水分の蒸散を防いでくれるので、水やりの手間が省ける。写真のトマトは、定植時に一度水やりしただけで、あとは収穫までいっさい水をやらなかった。小ぶりだが、味の濃いトマトが穫れた

現代農業二〇〇四年四月号
竹肥料マルチ　トマトもタマネギも…
上根が張る、甘くなる、病気に強くなる

シュレッダーマルチでナスの高温障害、アブラムシ被害を回避

大阪府・野出良之

農繁期の敷きワラ確保は一苦労

関西国際空港がある泉佐野市は、昔からひとつの圃場で夏場は水稲やスイートコーンなどを、冬は松波キャベツを作付け収穫する二毛作が主体です。私は、キャベツ五〇a、水稲三〇a、水ナス一〇a、スイートコーン五aをつくっています。

四月下旬に作付けして、十月上旬まで収穫が続く水ナスのウネには、乾燥防止と雑草防止のためにマルチが欠かせません。しかし、ポリ系やビニール系でマルチをすると上根になり、特に夏場は熱くなったマルチによって根の障害が懸念され、表皮のツヤがなくなるボケナスの発生も多くなります。

私は地温を下げる効果がある敷きワラを長年使ってきました。イネ刈り後に翌年分のワラを確保するのですが、八月下旬～九月はイネ刈りのほかに水ナスの収穫、松波キャベツのウネ立て作業などもあり一年で一番忙しい時期です。ワラは四～五日天日干ししなければ後に発酵してしまいます。なるべく早くキャベツを定植したいので、代わりに白マルチ（タイベック）を使うことも考えましたが、何分高価。忙しさをどうにかできないか悩んでいました。

筆者。シュレッダーマルチをした水ナスの圃場で

シュレッダー紙でマルチの実験

ある時、近所の会計事務所の所長さんに「シュレッダー紙は紙やから土に戻るだろう」と言われました。その会社では、不要になった書類をシュレッダーにかけて処分していました。

試しにシュレッダー紙を譲り受け、田の耕耘時にすき込んだり、畑の作物の周りにまいてみました。すると、畑の雑草の発生が抑えられたのです。さっそく、その年の水ナス圃場一ウネを使って実験してみると、敷きワラと同じ効果が確認できました。しかも太陽の日差しを反射するせいかアブラムシの発生が見られなくなりました。

黒マルチより地温が低く白マルチと同等の効果

次の年は、シュレッダー紙を溜め込んで、一〇aの水ナス圃場全部でやってみました。「大阪府泉州農と緑の総合事務所」に六～九

月の三ヵ月間地温の測定を依頼。シュレッダー紙、黒マルチ、白マルチの三種類の区を設け、それぞれのウネの地温を三〇分おきに計測しました。

地温測定の結果、シュレッダー紙は黒マルチより地温を下げること、白マルチと地温はほぼ同等であることがわかりました。もちろん、雑草も生えません。

白さ長持ちして アブラムシにも効果抜群

おまけに、アブラムシにも効果抜群。光の反射能力が高いシルバーマルチは、確かに最初はいいのですが、数週間もすればほこりや泥はねで汚れ、効果が下がります。それに対してシュレッダーマルチは、収穫終了まで意外と白さが長持ちします。真夏の七～八月は眩しすぎてサングラスをかけて作業するほどです。

そのまますき込めば ボケナスも少なくなる

また、ポリマルチのように剥がして処分する手間がかからず、収穫終了後はそのままトラクタですきこめます。データは取っていませんが、黒マルチ圃場より、ボケナスの発生時期が遅く、不良品が少ないようにも感じます。コストがかからないのも嬉しい点です。

雨の直前に圃場に敷く

敷くコツは、風などで飛散しないように天気予報を見て雨降り前に作業すること、地面が見えない程度の厚みにすることです。

ウネに敷いた時はバラバラですが、一度雨などの水に濡れると紙粘土のように互いにくっついて、数日するとシート状になります。その後は風などで飛散することはありません。

現在、シュレッダー紙は会計事業所など三ヵ所から集めています。量は一ｔトラック五杯分ぐらい。コピー機のトナーやインク類が土にどう影響するかは、科学的に調査していないのでなんとも言えません。

現代農業二〇一四年三月号
ナスの高温障害回避、アブラムシの被害なし
シュレッダーマルチ

黒マルチ、白マルチ（タイベック）、シュレッダーマルチの地温変化

（大阪府泉州農と緑の総合事務所　農の普及課調べ、2012年）

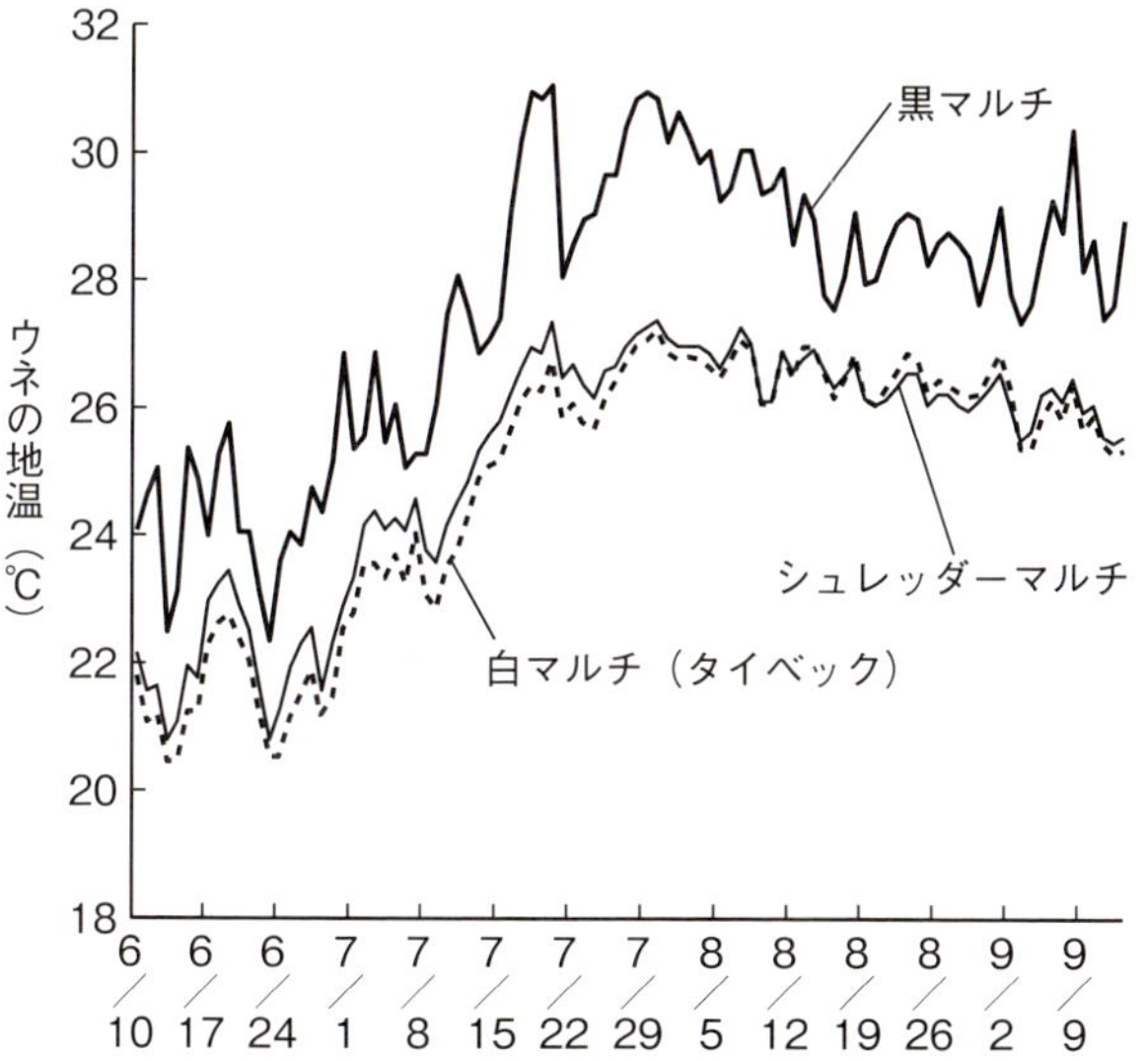

シュレッダーマルチ区は黒マルチ区に比べ3ヵ月通しで地温を低く保ち、白マルチ区とほぼ同じ地温だった
※地温の計測は30分おきに行なったが、日平均地温をグラフにした

ダイズの条間に 小麦のリビングマルチ

岩手県・五日市亮一

小さい圃場があちこちに草対策に何かよい手は…

法人化を契機に耕作放棄地を含む畑地の集積を進め、ダイズの作付面積を一気に増やしました。現在は二〇haです。

私たちの圃場は一区画が一〇~二〇aと小面積で、七集落にまたがって点在していま す。すべての圃場で中耕培土作業をしっかりやるような時間はなく、何か別の草対策を考えることにしました。

それが小麦のリビングマルチです。ダイズの条間に小麦を生やして雑草を抑える技術です。

播種から1ヵ月半後。小麦が条間を覆っている

赤い鎮圧輪がダイズの播種ユニットで、白いほうが小麦。どちらも条播。ダイズの条間は70cm

盛大に繁り、自然に枯れる

六月上旬、ダイズを播種すると同時に秋播き小麦（品種はナンブコムギ）を条間に播種します。小麦の播種量はダイズと同じで一〇a当たり五kg。播種直後には、土壌処理型の除草剤（一成分のデュアールゴールド）を散布し、ダメ押しします。

七月には小麦が分けつを増やして盛大に繁り、条間を覆います。八月のダイズの開花期を過ぎる頃になると、小麦は立茎しないまま自然に枯れてリビングマルチとなり、雑草を抑え込みます。

連作圃場では一度中耕

転作後二〜三年（前作はタバコやイネ）はこのやり方で草を抑えられました。しかし、それ以降は小麦が生えていない株間の雑草種子量がどんどん増え、収穫の邪魔になるアカザなどの背の高い草が生えるようになってきました。

その対処法として、連作圃場では播種一ヵ月後くらいに中耕することにしています。ディスク式の中耕培土機なら、ロータリ式と違い、小麦を砕かずにダイズの株間に寄せられるため、生き残った小麦が株間で再び根づきます。

それでも抑えきれず、大きな草が出てしまった場合は茎葉処理剤をまきます。広葉雑草には大豆バサグラン、イネ科雑草にはポルトフロアブルを散布し、収穫前に枯らしておきます。茎葉処理剤を使ったとしても慣行栽培の二分の一の除草剤成分（三成分）で草を抑えることができています。

今年は、連作圃場でも中耕なしで済ませられるように、ブロードキャスタで小麦を散播してから、ダイズを条播してみようと思います。

現代農業二〇一五年六月号
ダイズの条間に
小麦のリビングマルチ

ディスク式中耕培土機で中耕すると…

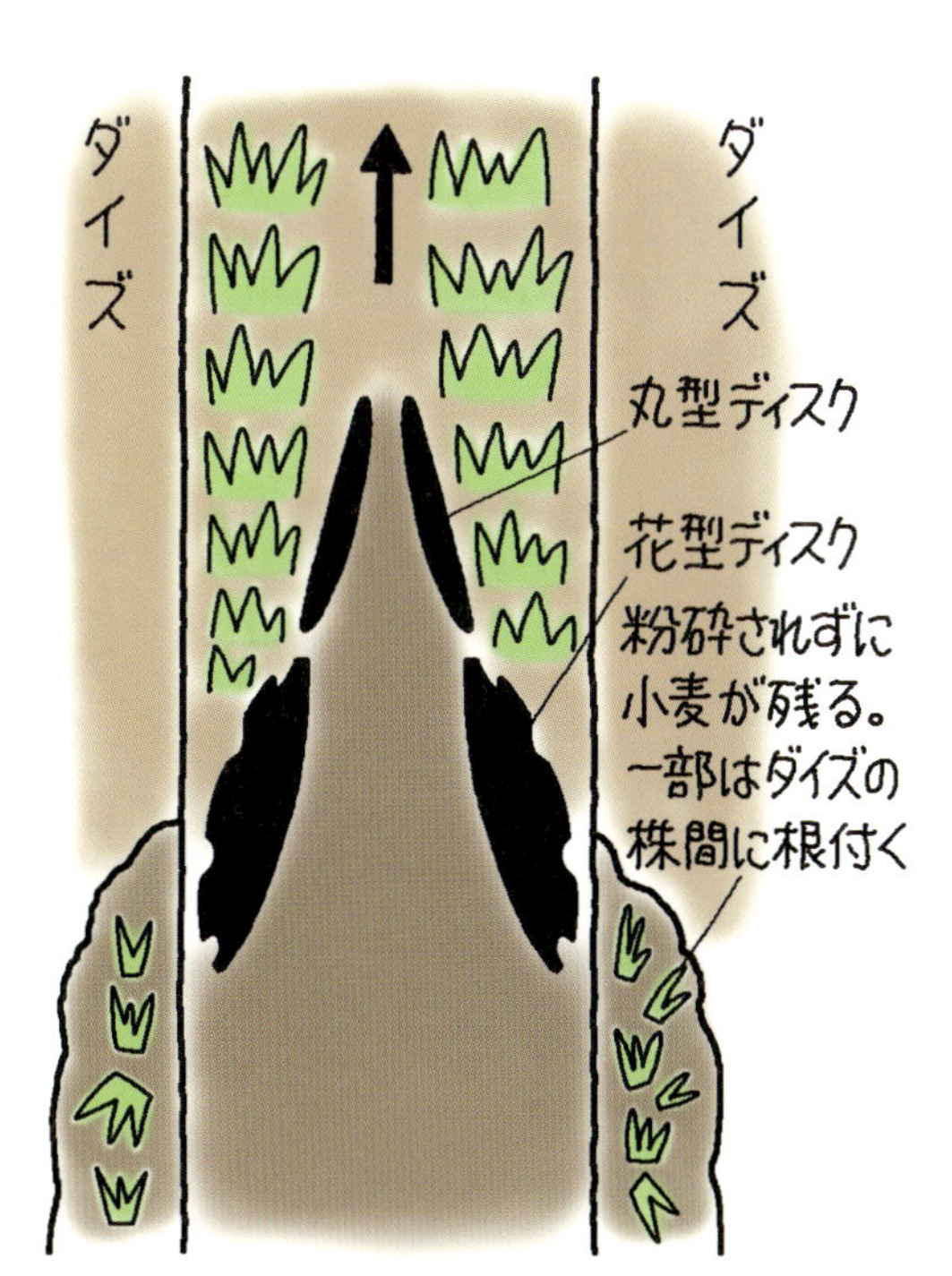

条間の小麦はなくなるが、中耕後しばらくしたらダイズが繁茂し条間を覆うので、草が出ても問題にならない

紙マルチのよさを引き出す使いこなし法

破れる、乾く、…弱点を克服

実際家・元愛知県農業改良普及員　水口文夫

写真1　紙マルチは、すその土おさえ部分から腐る

紙マルチは ポリマルチの代用ではない

昔、ビニールトンネル栽培のカボチャにポリマルチを初めて使った時のことである。定植したカボチャ苗が日焼けして枯れ、こんなものはだめだという話が、あっちこっちで出たことがあった。

その時と同じようなことが、今、紙マルチで繰り返されている。

「紙マルチにスイカを植えたが、生育しないばかりか植えた時よりも苗が小さくなった」「レタスに紙マルチしたのだが、畑に行ったところ破れたり吹き飛んだりしている。それだけではない。レタスの苗がだめになった」――などなどである。

今までと同じことをやっていれば繰り返しでもよいが、今までとちがったことをするなら、これまでの繰り返しではいけない。紙とポリとは、まったく異なった性質をもつ。紙マルチはポリマルチの代用ではないのである。紙マルチとポリマルチはどこがどうちがうのか、そのちがいをどう活用するのかを考えないで、ポリマルチの代用に紙マルチを使うのではだめである。

紙マルチは 腐敗するから破れるのだ

紙マルチは破れるが、ポリマルチは破れない……。本当だろうか。

針の先で突いてみる――ポリマルチは穴があきやすく、紙マルチは穴があきにくい。

作物を植えるために、紙マルチとポリマルチを敷いたところを手で破ってみる――ポリマルチは簡単に破れるが紙マルチは破れにくい。

それなのに、畑に張ったポリマルチは破れないのに、紙マルチは破れる。なぜか？

先入観で、紙は破れやすいがポリマルチは破れにくい、と決めつけていないだろうか。

そもそも紙マルチが登場したのは、ポリマルチは、使用後にマルチを取り除く手間がかかり、廃棄物としての捨て場がなくて困ったからである。紙マルチならば、作の終了後そのまま畑にすき込めばよいので、処理がきわめて小力になる。要するに紙マルチは、畑に還元できるマルチなのだ。したがって、紙が腐るのは、栽培上、マルチとしての長所でもあり、欠点でもある。

どこから破れ始めるのか?

紙マルチの破れやすい欠点を補うには、紙がどのように腐るかを知ることが重要となる。決して全面的に一律に腐るものではない。

▼マルチのすその部分から腐りは始まる

写真1のように、紙マルチはすその部分から腐る。マルチが風などで飛ばされないように、すその部分に土を被覆するが、この土で被覆した境界線の部分から腐り始める。

なぜ腐るのか？　それは腐敗菌が活動するためである。腐敗菌が活動しやすい条件が揃えば、紙マルチしてから一二日くらいで腐ることもあるし、条件が揃わなければ四〇日経っても腐らないこともある。

畑によって、早く腐る畑と、なかなか腐らない畑がある。私の畑で同じように紙マルチを行なったのに、富栄養型の畑では一二日で腐り始め、他の畑では三二日目でやっと腐り始めている。腐りの遅い畑は排水がよく乾燥する畑だ。

▼高温で多雨の時は腐りが早い

気象条件も大きく左右する。高温で雨が多いと早く腐り始める。高温でも雨が少ないと腐りは著しく遅れる。逆に、低温、乾燥のときは腐りが遅い。

▼土の膨張、収縮による亀裂から破れる

紙マルチとポリマルチの水分のゆくえ

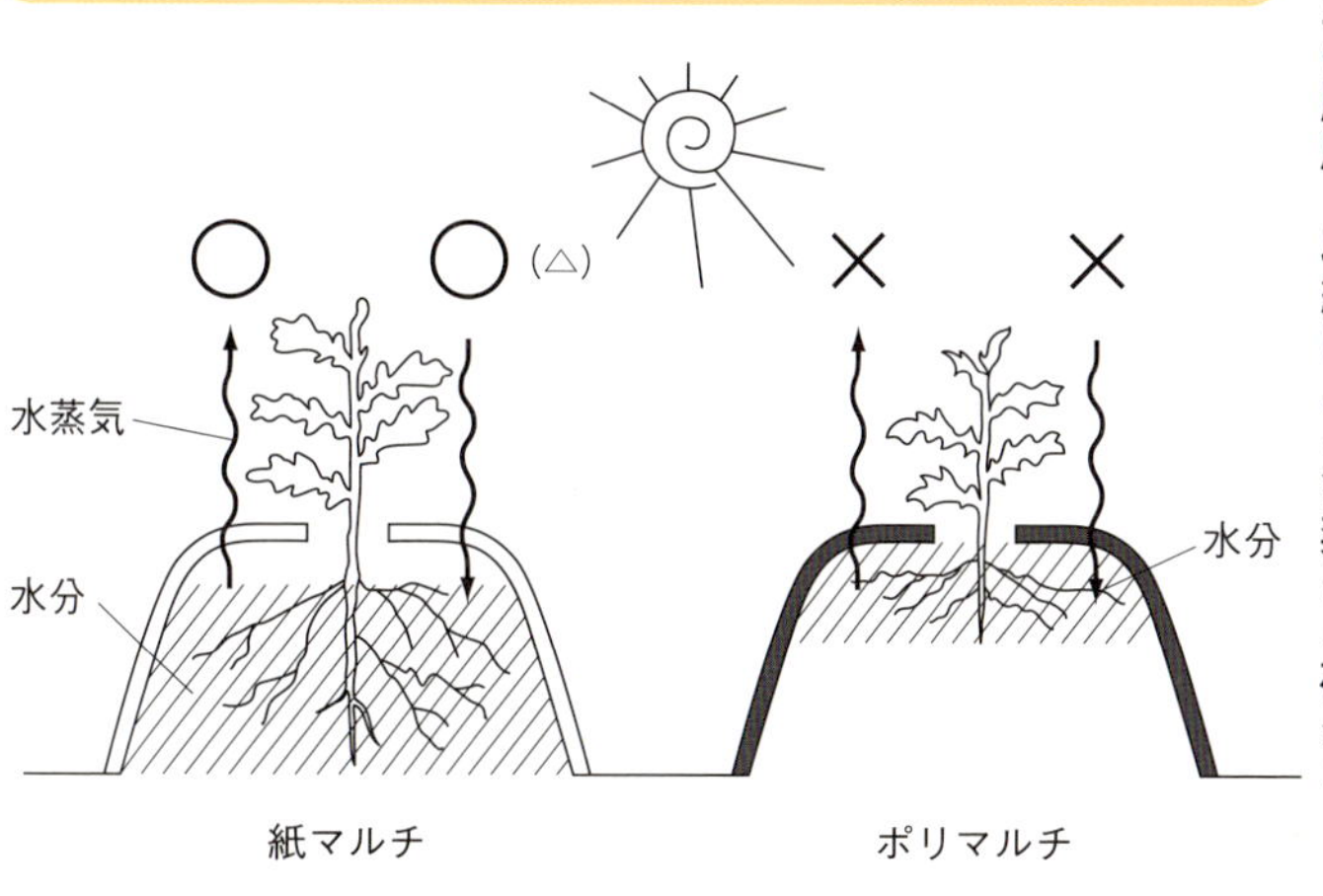

腐っただけでは破れないが、亀裂が入ってその部分が土から浮くと瞬時に破れる。

なぜ、亀裂が入って紙が浮くのか？　それは土が動いているためである。畑の土は、雨が降れば水分を含んで膨張し、乾燥すれば収縮する。このように土は絶えず膨張、収縮を繰り返しているから、腐敗したところから線状に亀裂ができ、浮き上がる。そこに風が入ると破れて吹き飛ぶことになるのだ。

▼植穴から風が入って破れる

もう一つの破れる原因は植穴である。植穴をそのままにすると、そこから風が紙マルチの下に入り、紙マルチを上下にあおる。この繰り返しで破れる。

すその二重折り、土寄せ、炭マルチで破れを防ぐ

紙マルチの破れを防ぐには、紙の腐敗を遅らせるか、亀裂ができたとき紙マルチのすそをおさえ直すかどちらかである。

紙マルチのすそを折って二重にすれば、紙の片面のみが土と接触することになるため、腐敗を遅らせることができる。この場合、マルチャーによっては二重折りできないものがあったり、マルチ幅が狭くなる欠点がある。

一般的には、紙マルチの腐敗状況を観察して、腐敗が進行すれば再度土寄せを行ない、紙マルチのすそをおさえ直すのがよいと思う。また植穴から吹き込む風を防ぐためには、株元に炭を敷き植穴をふさぐのが最もよい。

なぜ紙マルチは初期生育が悪いのか

私の地方のモモの満開日は、三月末である。この時期から野菜苗の定植が始まる。ビニールトンネル内に植えるスイカ、メロン、カボチャなど四月十日以前に定植するものはポリマルチのほうがよいが、それ以降に植えるものは紙マルチでよい。

写真２　トンネル内のくもりに注目！　左はポリマルチ、右は紙マルチ。くもりの激しいほうは、紙マルチが土中の水蒸気を通しているのだ

ポリマルチと紙マルチを比べると、ポリマルチのほうが地温が上がる。しかし、地温が上がりやすいといっても、透明のポリマルチはマルチ下に雑草が生えて困る。

雑草防止には黒ポリマルチか紙マルチとなるが、四月十日に定植しても、定植直後の生育は黒ポリマルチのほうがよく、紙マルチが悪い場合が起きる。

また、紙マルチは地温を下げる効果があるので、夏から初秋の地温の高い時に作付ける（抑制）トマトやダイコンなどは、生育がよくならなければいけないのに、反対に初期生育が悪いことがある。

写真３　根元に炭を敷いたら、ポリマルチとの生育差がなくなった

なぜ紙マルチの初期生育が悪くなるのか？……。

写真2は、左側は黒ポリマルチ、右側は紙マルチである。ビニールトンネルを密閉すると、紙マルチは、水蒸気がトンネル内に充満して作物は見えなくなっている。いっぽうポリマルチは、密閉しても水蒸気が上がってこないために、トンネル内の作物はすけて見える。

ここで大切なことは、ポリマルチは水蒸気

写真４　左側が堆肥・炭を株元に敷いてある。それだけで生育量がグンとちがう

を通さないが、紙マルチは通すということである。その証拠にポリマルチの下の土は湿りがあるが、紙マルチの下は乾燥している。

しかし、紙マルチが水蒸気を通すことは、欠点でもあり、長所でもある。ポリマルチは水蒸気を通さないので、下から上がってきた水分がマルチの内側に集まり、その部分に根が張るので浅根になる。それに対して、紙マルチはマルチの下が乾燥する分、下層に水分が残っているので根は水分を求めて深く張ることになる。

ところが、この乾燥が活着を悪くし、初期生育を遅らせることにもなる。

乾燥を防ぎ、乾燥を生かす

▼根が伸びるまでは堆肥、炭マルチ、かん水で乾燥防止

写真3は、スイカを四月十日に定植したものであるが、紙マルチとポリマルチとの初期生育の差はなかった。これは乾燥防止のために炭を敷いたためである。

写真4はサニーレタスで紙マルチしたもの。生育のいい左側が株元に堆肥、炭を被覆したもの、右側はしなかったものである。これも乾燥防止の効果が左側の株にハッキリ出ている。

したがって、紙マルチでは、ある程度根が伸びるまでは株元に堆肥や炭を敷く、かん水するなど、乾燥を防ぐことが重要となる。

▼透水性のよい紙マルチと悪い紙マルチを使い分ける

紙マルチとひとくちに呼んでいるが、その性質上、大きく二つに分けて考えることが大切である。

一度雨が降ればマルチの上に水が溜り、二〜三日はその水が消えないくらい透水性の悪いものがある。この紙は、水蒸気は通すが水は通さない。

写真5　透水性の悪い紙マルチを使ってカマボコ型のウネで栽培した露地トマト。糖度が7度にアップした

もう一つの種類は、雨が降っていても降った雨をどんどん通すために水溜りがほとんどできないほど透水性のよい紙である。

透水性の悪い紙マルチをした場合、水溜りにカボチャのつるが伸びるとエキ病にやられたり、イチゴの灰色カビ病などが多くなる。

ところが、透水性の悪い紙マルチを使うにしても、写真5のようにウネをかまぼこ型に作り、紙マルチから流れ出る水をうまく排水すると、露地栽培のトマトだと従来は糖度四度くらいのものが七度くらいまで上がる。なぜなら、畑土の湿度は毛細管現象で土中から補給されるものと、夜間空気中の湿度の吸収と両方で保たれているが、紙マルチを行なうと空気中の湿度からの補給はなくなる。このために、土壌水分がコントロールされ、トマトや露地メロンなどの高糖度栽培が可能となるのである。

透水性のよい紙マルチはカボチャのエキ病やイチゴの灰色カビ病の発生が少なく、雨が降れば紙マルチを通して土に浸み込む。かん水も追肥もマルチの上からやれるので大変便利である。

現代農業一九九八年七月号
破れる、乾く、…弱点を克服
紙マルチのよさを引き出す使いこなし法

定植後の残暑からイチゴを守る
綿マルチ

山口県・藤本操

ベッドの草と地割れを防ぎたい

「あっ、これだ」と思ったのは八年前。『現代農業』で「綿マルチ（水稲用布マルチ）」をみつけました。テレビで種モミの入った布を棚田に敷き詰めている映像を見て以来、ずっと探していたのです。

ウネ立て後、綿マルチを敷いたところ。かん水チューブを設置して、この後マルチに切れ目を入れて定植する

当時私は会社を辞め、両親がやっていたイチゴを引き継ぎ二シーズン目に入っていて、試行錯誤の毎日でした。

イチゴは定植しても、ある程度気温と地温が下がるまではハウスのビニール被覆もベッドのポリマルチもできません。その約一ヵ月間の草取りや、乾燥により起こる地割れを補修する作業が大変です。草や乾燥の一時しのぎに、綿マルチに目をつけたわけです。

泥はねを防いで炭そ病対策

またその頃から、全国的に炭そ病が問題になっていました。私のところでも、育苗場が水浸しに遭い炭そ病を出し、定植後も三割の苗を植え直す苦い経験をしたばかりでした。綿マルチは炭そ病の感染原因の一つである泥はね対策にもいいのではと考えました。

さっそく綿マルチのメーカー（丸三産業株式会社）に連絡を取り、訪問もしました。綿マルチは綿製品を作る際に出るクズ綿を集めて再生したものだそうです。大学と共同研究したという資料を見せてもらうと地温抑制効果（四～五度）の報告があり、高温時（九月初旬）に植える株冷栽培にもいいと感じて、ますます意を強くしました。

筆者。イチゴ27a。観光イチゴ園とケーキ屋などと契約栽培

綿マルチの敷き方にコツ

しかし最初の年は、ベッドにきれいに敷くところから苦労しました。土となじみが悪くすぐにズレるのです。なんとか敷いて竹串で留めても、風が強いと竹串のところから裂けたり捲れたり。さらに点滴かん水だと防水加工したかのごとく水滴がはじかれて全部外に

こぼれる始末。慌てて会社の担当者に相談すると、「綿に含まれる脂分が水を弾くので、綿の組織を壊さないと水は染み込みませんよ」といわれました。その時、普段親しんでいた綿が「脱脂綿」である理由を知りました。

今では、設置前にベッドに水を撒くことで土と綿のなじみをよくしたり、無風の日を選ぶことで、竹串をあまり使わなくても、ラクに設置できるようになりました。最初の二年は二枚重ねのもの（稲作用）を使っていましたが、定植の時に穴を裂くのが大変ということと、いくぶんコストも抑えられるので今は一枚タイプを使っています。

筆者の紅ほっぺ

他にも効果いろいろ

定植前までに三日間くらい余分な仕事をしなければなりませんが、綿マルチを敷いて定植してしまえば、後の管理はラクになります。ベッドが乾きにくく地割れはありません。昨今の暑い秋にはとくに重宝しています。綿は水分を含んでいる時と乾いている時で変色します。土壌水分の判断の目安にもなっています。

綿マルチをしても、定植一カ月後には上から通常のポリマルチも張ります。なぜなら綿マルチは時間の経過とともに分解されるからです。シーズン終了時点ではほとんどなくなっています。

綿マルチが収量にどうつながっているかはわかりません。ただ冬場の地温アップや、綿に含まれるチッソ分がシーズン中に緩やかに溶けるといった効果は期待していいと思います。また分解時に炭酸ガスが発生し、光合成を助けるのではという人もいます。

認定エコファーマーである私にとって、くず綿という資源の有効利用は循環型農業として非常にマッチしています。ゆくゆくは高設栽培にも利用したいと思っています。

くず綿が原料の綿マルチ「マルチコットン」は幅100㎝×50mで5500円＋税（問い合わせは丸三産業㈱　TEL0893-25-5133まで）

現代農業二〇一一年五月号
残暑からイチゴを守る
綿マルチ

マルチ張りに欠かせない道具

福島県・東出広幸さん（編集部）

使いかけのマルチも、重さを量れば残りの長さがわかる。まず量るのは芯の重さ。東山さんが使っている135㎝幅×200mの黒マルチ（穴なし）は、芯の重さがだいたい400ｇ弱。新品マルチの重さが約5.4㎏なので、フィルムの重さは約5㎏（5000ｇ）となる。200mマルチなので、1m当たり25gとなる。手元のマルチが、芯も含めて1㎏あったら、残りの長さは約24mということになる。

{1000（使いかけのマルチの重さ）－400（芯の重さ）}÷25（1m当たりの重量）＝24m

※東山さんが使っているマルチの場合

ヒモが絡まない自作リール

ウネを立てる前にヒモを張って目安にするが、そのヒモが絡まってしまうことがよくある。東山さんオリジナルのリールは、中心にロープのボビンがあって、それを100 円ショップで買った鍋のフタで挟んでネジを通してある。ヒモを伸ばすときは取っ手（タネケースのフタ）を持って引っ張り、巻き取るときはナベのフタにあけた穴に棒を突っ込んでグルグル回すだけ。

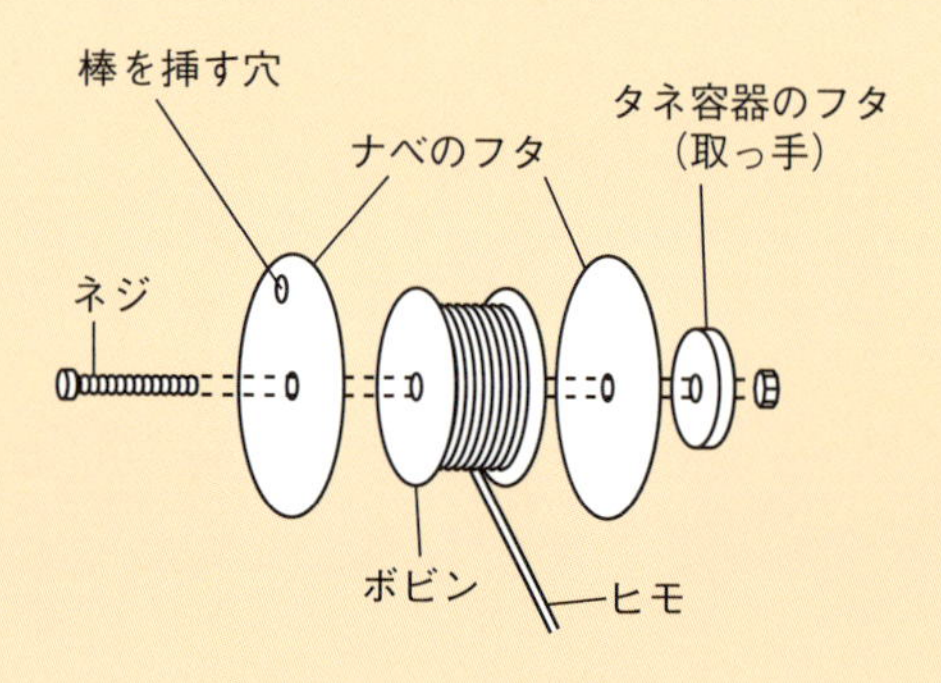

現代農業2014年3月号
マルチ張りに欠かせない道具

トンネル編

早出しの強い味方

トンネルの基礎知識

編集部

トンネルが暖まる仕組み

太陽の光によって暖められた地面や作物がトンネル内の空気を暖める。暖められた空気がトンネルで閉じこめられることで保温される。トンネルのフィルムは光をよく通して、熱をなるべく逃がしにくいものほど保温性が高くなる

光透過性

晴れた日中の最高気温は光透過性が高いフィルムほど高くなる。栽培上は、瞬間的に高温になるかどうかより、生育適温域の遭遇時間や最低気温のほうが問題になる。

古くなったフィルムは汚れによって光透過率が30～70%低下し、トンネル内が暖まりにくくなる。トンネル内の気温をそれほど上げなくてもよい（上げたくない）時期に使いまわすとよい

保温効果を高めるには

トンネルは大きいほど保温効果が大きく、小さいほど温度が急上昇、急降下する。また、トンネル内の最低気温は、一重被覆では外気＋１～２度程度だが、二重にすると４～５度高くなる

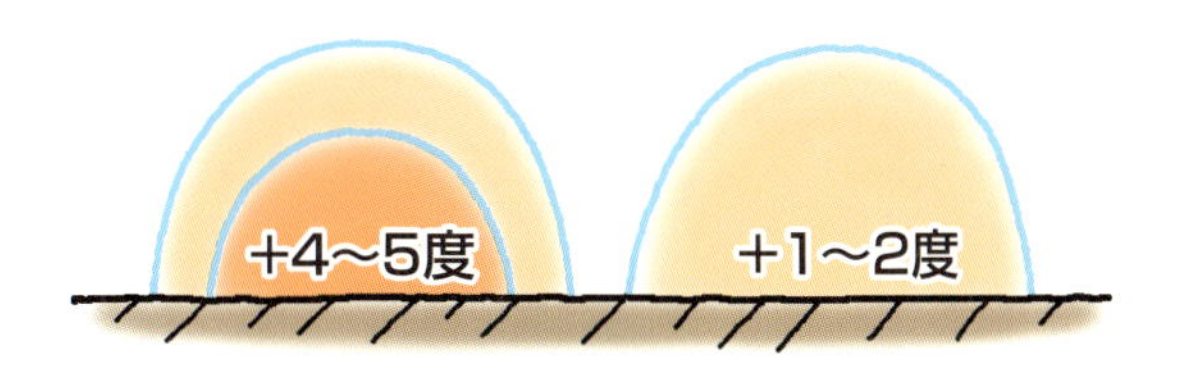

保温性と長波放射透過率

夜間、地面や作物は長波（赤外線）放射によってどんどん熱を放出し、トンネル内は冷えていく。フィルムの長波放射透過率は農ビ<農PO<農ポリの順。透過率の低い農ビが最も保温性に優れているが、最近は農POでも同程度のものがある。農ビの長波放射透過率はおよそ25%（次ページ参照）。これは、トンネル内の25%の熱が長波放射で失われるということで、残りの熱はトンネル内の対流によってフィルムに伝わり、ゆっくり放熱される

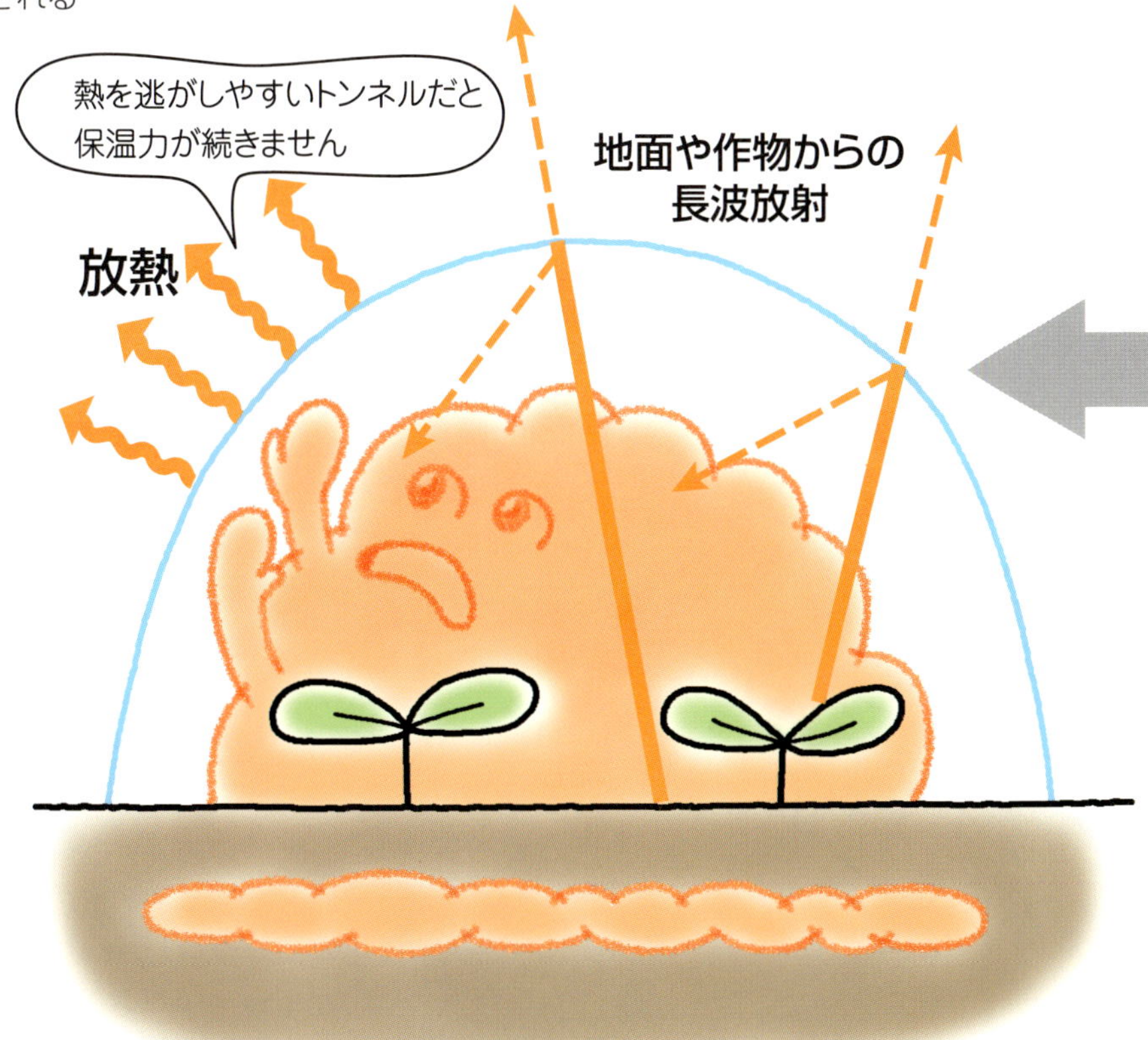

トンネルの被覆資材くらべ

農ビとは農業用塩化ビニルフィルム、農POとは農業用ポリオレフィン系特殊フィルムのこと。農ＰＯは農ポリや農酢ビなどを多層構造にして保温性を向上させている。

	農ビ	農PO	不織布
商品名	サンホット、タフニールなど	クリンテート、ユーラックなど	パオパオ、パスライトなど
光透過率(%)	92	92〜93	50〜90
長波放射透過率(%)	25程度	23〜40	50〜90
保温性	◎	○〜◎	△
通気性	—	有孔もある	○
軽　さ	×	○	◎
張りやすさ	△	○	○
耐用年数	1〜2年(4年使えるものもある)	1〜3年(5〜10年使えるものもある)	1〜3年(5年使えるものもある)
特　徴	保温効果が最優先の厳寒期の作型や、寒さに弱い作物に向く	保温性は向上してきている。耐久性や作業性を重視する場合に向く	フィルムより保温性は劣るが、通気性と通湿性が高く、軽くて使いやすい

フィルムの厚さと保温性

トンネルに使うフィルムは厚さ0.03〜0.1mmほどだが、厚さは保温性にはあまり関係しない。作業性、耐久性、経済性の観点から選ぶとよい。0.05mmと0.075mmが一般的

透明性と光透過性

農POは農ビと比べて透明性が若干低い。そのため光透過率も低いと誤解されがちだが、実は透明性と光透過性とに関係はない。すりガラスの窓は透明性が低いが、光透過率は高い（透明な窓と比べて暗くない）のと同じ

有孔フィルムって何がいいの?

穴が開いているので、換気の手間が省ける省力フィルム

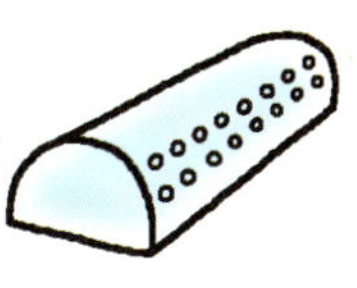

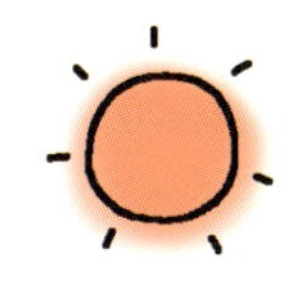

換気の手間いらずで高温障害を防げる
昼夜の寒暖差が小さい
乾燥しやすいため要マルチ

30度を超える高温になることも
あるので裾換気が必要

有孔フィルムの保温効果は密閉トンネルには劣るが、不織布トンネルより上。夜間の最低温度は密閉トンネルと大差なく、むしろ、急な温度上昇を抑えられるので作物の生育にもよい

有孔フィルムは逆転現象が起こりにくい

厳寒期のよく晴れて風のある夜にトンネルを密閉すると、放射冷却で地表付近の空気が強く冷やされ、トンネル内の温度が外気温より低くなってしまうことがある(逆転現象)。有孔フィルムだと外の暖かい風が入るので軽減できる(下の例では保温力の低い農ポリで逆転現象が起きている)

被覆資材による温度比較

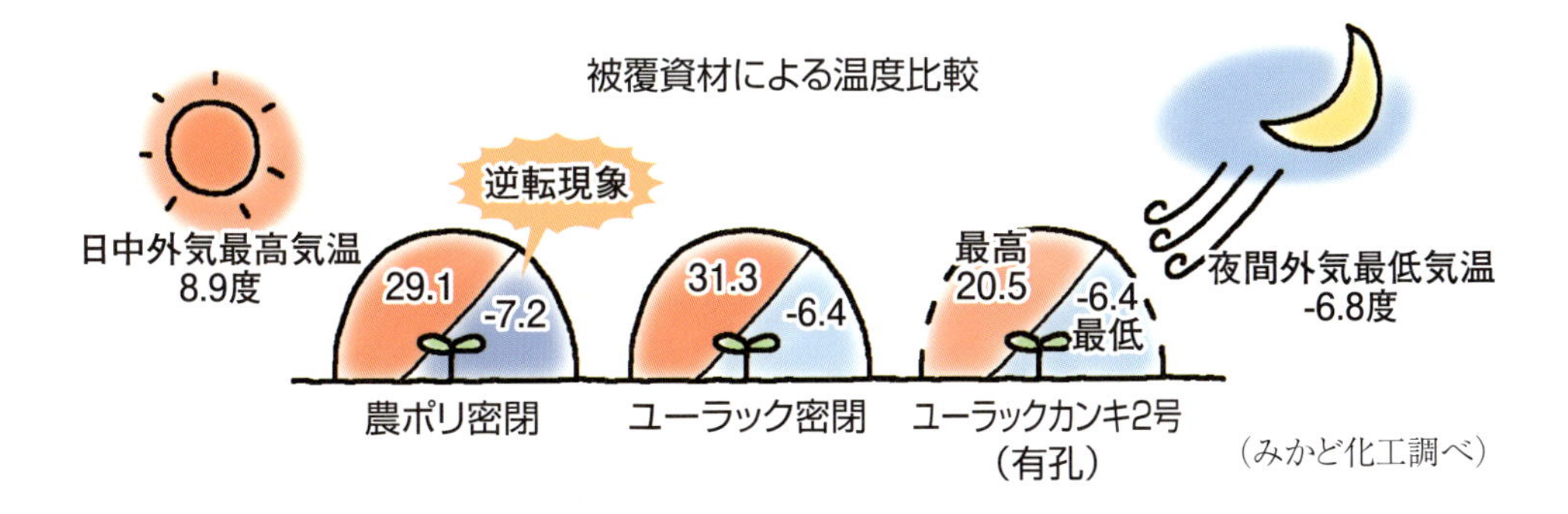

(みかど化工調べ)

現代農業2014年3月号
早出しの強い味方　トンネルの基礎知識

トンネル専用の機能性フィルムもある

（編集部）

春どりレタスには「サンホット」

トンネルのフィルムには、機能性を持たせた「トンネル専用」もある。そのひとつが保温性を強化したものだ。

茨城県坂東市の冬春トンネルレタス産地で長年レタスを栽培している飯塚利幸さんは、これまで部会の仲間と数々のフィルムの保温性を比較試験してきた。二月下旬から三月にかけて収穫する作型では保温性がカギになるからだ。そんな飯塚さんが今、一番保温効果があると感じているのは「サンホット」（三菱樹脂アグリドリーム）。そもそも農ビなので保温性があるうえに、特殊な保温剤が練り込まれていて、「少し曇って見える」そうだ。

飯塚さんはこれを外張りに使い、内張りにはラブシートを使う二重張り。ハウスに比べて空間の狭いトンネルは温度が下がりやすく、特に端のほうが影響を受けやすい（小玉になりやすい）が、「サンホット」を使ったこの二重張りだと、それがなく確実にとれるというのが実感だ。

「ふつうのフィルムでもふつうの年ならとれる。ただ、三～四年に一度は必ず寒波が来る。そういう出荷が落ち込む年に力を発揮するね」

特殊加工をしているので値段は二〇〇m巻きで一般的な農ビより一〇〇〇円ほど高い。でも農ビは一年で使えなくなるものが多いなか、これは二年目も安心して使える。そこもいいそうだ。

保温性強化フィルムいろいろ

保温性を強化している農ビといえば、他にも、「ヒートン」（アキレス）、「サンストック」（シーアイ化成）、「スーパーホット」（オカモト）、「ハイホットトンネル用」（シーアイ化成）などがある。いずれも保温剤が練り込ま

保温性を強化したトンネル専用農ビ「サンホット」

れているタイプだ。

農ビに比べると保温性が劣る農POでも保温剤を練り込んだタイプがある。「クリンテートDX」（サンテーラ）は「農ビと同等以上の保温性を持たせた」とのこと。

べたつき軽減や紫外線カットなども

次は、べたつき軽減性。農ビのトンネルはフィルムのべたつきが少なければ換気の開閉作業がとてもラクになるからだ。この点で特化しているのは農ビの「ギザトン」（アキレス）。フィルムの両端（裾部分）の表面にギザギザ加工が施されており、べたつきにくい。その他、「サイドクリア」（オカモト）や「パールサイド」（シーアイ化成）などもあり、いずれも同様の作業性を重視した農ビフィルムだ。

また、スリップスなどの病害虫に抑制効果がある紫外線カットフィルムもある。農ビでは「カットエース」（三菱樹脂アグリドリーム）、「ロジトンとおしま線」（アキレス）など。農POでは「クリンテートGM」（サンテーラ）などだ。これらはメロンやスイカ産地で多く使われている。

青色のフィルムで光の波長を変え、作物の生育促進を図る「ベジタブルー」（三菱アグリドリーム）という特殊フィルムもある。軟弱野菜やイネの苗には効果があるそうだ。

現代農業二〇一四年三月号
トンネル専用の機能性フィルムもある

夏専用トンネル「モヒカンネット」

「モヒカンネット」。天井部の遮光率は50%。サイドは網目の大きいネット

昨年、サカタのタネから夏専用のトンネル資材が出た。夏場のトンネル栽培に求められる遮光性、適度な雨除け効果、通気性の3つの機能を1枚に集約したという「モヒカンネット」だ。

茨城県鉾田市で露地野菜を6haほどつくる平沼忠一さんは、昨年さっそく「モヒカンネット」を使ってみた。1反に50mのトンネルを10本。7月に播種して、9月末～10月に収穫した。この時期、露地では暑くてつくれないホウレンソウだが、モヒカンネットを使ったら90%以上出荷できた。出荷初めは200gで150円という高値も付いた。「モヒカンはちょっと高いけど、5年くらいは持つみたいだから、それなら高くないかな。来年ももちろん使うつもり」。夏場の軟弱野菜などにはよさそうだ。

現代農業2014年3月号
夏専用トンネル　「モヒカンネット」

トンネルかけて自生ヨモギを早出し

岡山県・濵田孝一さん（編集部）

ヨモギは余裕を持たせて袋に詰める。ぎゅうぎゅうにすると熱がこもり、変色しやすい。レシピ付き

二月末にはヨモギを収穫できる

春にその名前を聞いただけでワクワクウズウズ。農家はヨモギが大好き。岡山県美作市の濵田孝一さんは、自然に生えているヨモギにトンネルをかけて、なんと二月二十日から収穫を始めている。

年間四〇品目を栽培するという濵田さんだが、二月は収入の四分の一がヨモギの売り上げだった。近くの道の駅「彩菜茶屋」の直売所で毎回売り切れてしまうほどの人気ぶり。この日は直売所に一〇袋出し、午後二時には完売。早出しヨモギはアクがなくて食べやすい。

トンネル栽培のヨモギを持って、ニコニコ笑顔の濵田さん。ヨモギが殖えやすい環境なのか、年々栽培面積が広がっている

濵田さんの促成ヨモギのつくり方

▼一月上旬　草を刈り、バーナーで焼く

ヨモギが生える斜面の草を刈り、刈り残した雑草の茎やタネをバーナーで焼く。ヨモギは地下茎で殖えるので、地表を焼けば邪魔な雑草をやっつけられ、燃えカスが黒いので地温が高くなる。

一㎡あたりに肥料として鶏糞をスコップ一杯、完熟の牛糞堆肥をマルチ代わりに二〇

左が濵田さんの促成ヨモギ。右が自然状態のもの。10㎝ほどが収穫の目安

ヨモギは果樹畑の下草として生えたもの。傾斜は約25度、南向きでとても日当たりがいい。幅1ｍのトンネルが全部で4本。長さ5ｍのものが1本、2.5ｍが3本

ℓ、これらを順番にまく。

▼一月二十日頃　トンネルをかける

トンネルをかけたら、霜がおりなくなるまでほとんど閉じたまま。雨の日はかん水の代わりにトンネルを開ける。

▼二月二十日頃　収穫開始

収穫開始は二月二十日頃から。この時期のヨモギはロゼット状（地面にべた〜っとひっつくように生える）なので地際で刈る。

二回目以降は地際から一㎝を目安に。一カ所でだいたい四〜五回収穫できる。

道端でヨモギをよく見るようになったら出荷はおしまい。

現代農業二〇一三年五月号
トンネルかけて
自生ヨモギを早出し

一日二万円売れんとイヤ
直売所名人の早出し術

熊本県・村上カツ子さん（編集部）

掘り取ったジャガイモを見せる村上カツ子さん

直売所のために生まれてきた？

「私はたくさん売れんと好かんのよ。二つ売れた、三つ売れたでは身体もきつか（きつい）。バーッと何万円も売れるくらい活気がなか（ない）とイヤ！」

そういって笑う村上カツ子さんは、直売所のために生まれてきたような人だ。

直売所はいろんな野菜を少しずつつくって出すところ。カツ子さんは自称「忙し屋」で、こまごまといつも忙しくしているのが大好き。また直売所は「私の自慢のもの」をアピールして売るところ。カツ子さんは「うちのは色がきれい」「なんでん太か（なんでも大きい）」とアピール上手だし、肥料袋にキュウリやトマトやナスの苗を植えて「ベランダ菜園」という名前で売ったりするアイデア母ちゃんでもある。

定番野菜を早出し、見栄え重視 一日平均二万円が目標

カツ子さんが野菜を出す直売所は四カ所。JA菊池の運営する「きくちのまんま」三店舗と、そのインショップ一店舗。きくちのまんまは開店して一〇年。年間一三億円の売り

きくちのまんま合志店。きくちのまんまは現在3店舗まで増えたが、合志店が1号店。3店舗で年間売り上げ13億円くらい。手数料は15%

カツ子さんの携帯電話に届いた直売所の販売速報

上げを誇るそうだ。

きくちのまんまからは毎日、カツ子さんの携帯電話に販売速報メールが届く。午前十一時と午後一時に品目ごとの販売個数と金額が送られてくるのだ。カツ子さんの一日の売り上げ目標は平均二万円だそうで、このメールはその目標達成のために欠かせない。朝持っていった野菜が午前中か昼過ぎに大半売れていたら、午後にすばやく追加できるからだ。

お邪魔した日、午後一時に届いたメールを見せていただくと、金額は一万九八七〇円。すでに目標達成間近だ。でもカツ子さんは「よか数字じゃなかけん、見せたくなか～」。

カツ子さんは「たくさん売れないとイヤ」という性分ゆえに珍しいものはあまりつくらない。誰もが買う定番野菜を人より早く出したり、大きく見栄えよくつくって稼いでいる。たとえば――。

一月末植えのジャガイモが一日に一三〇袋売れた

ジャガイモの早植え。暖地の気候を活かして、なんと一月末に植えてしまう。掘り取りは五月。昨シーズンはまだ他には誰も出してない時期だったので、六五〇g入り二五〇円のメークインが一日に一三〇袋も売れた。ジャガイモだけで軽く三万円を超えたのだ。

マルチは絶対黒がいい

ポイントは、種イモの浴光育芽、黒マルチ、トンネルだ。

早植えジャガイモの植え方

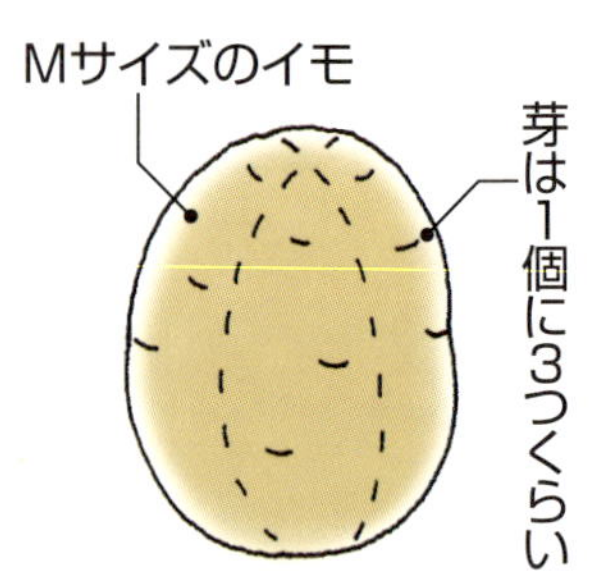

1個につき、芽が3つくらいになるように切る

2重張りハウスの地面に種イモを並べて、日光に2週間当てて緑化させる

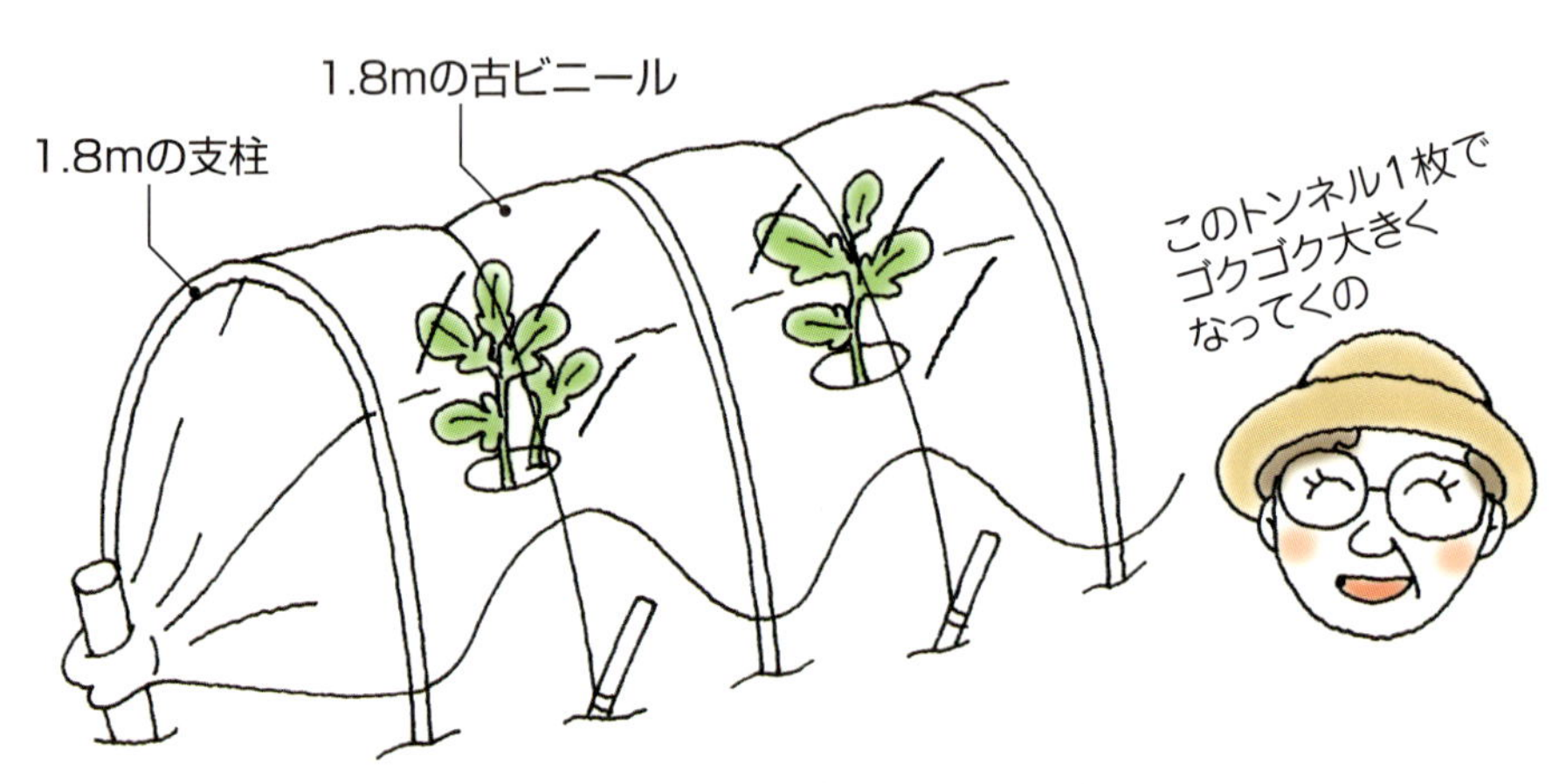

3月になると霜にあうばかりでなく、高温で焼けてしまうこともある。日中は換気につとめる（4月末にはトンネルをとる）

種イモの浴光育芽は、十二月中に入手した種イモを二重張りハウスの中に並べ、二週間ほど日に当てる。こうすると緑色になった種イモが休眠から目覚めて発芽がよくなる。芽も丈夫に育つ。

早掘り用のマルチは何十年と透明マルチを使ってきたが、昨シーズンは黒マルチを試したら断然よかったので、これからは黒マルチでいくと決めた。

「私は『地温を上げるのは透明マルチ』と思って、早植えには透明マルチでずっときたの。でも、透明だと草がマルチを持ち上げるほど生えて、マルチの中に腕を突っ込んで草を取らんといかんかった。それで、『草は防ぐけど地温が上がらん』と思ってた黒マルチを一部に試しにしてみたの。そうしたら、草はいっちょん（まったく）取らんでよかったどころか、生育もよかったの！」

驚いたカツ子さん、黒マルチと透明マルチの両方のウネに腕を突っ込んでみたそうだ。すると、透明マルチのウネはポッカポッカなのに、黒マルチのウネは表面だけが温かくて中は冷たかったという。そのせいか黒マルチの芽立ちは確かに遅かったにもかかわらず、生育は途中で透明マルチに追いついてしまったのだという。だからカツ子さん、日記に「マルチは絶対黒、黒、黒」と書いたのだっ

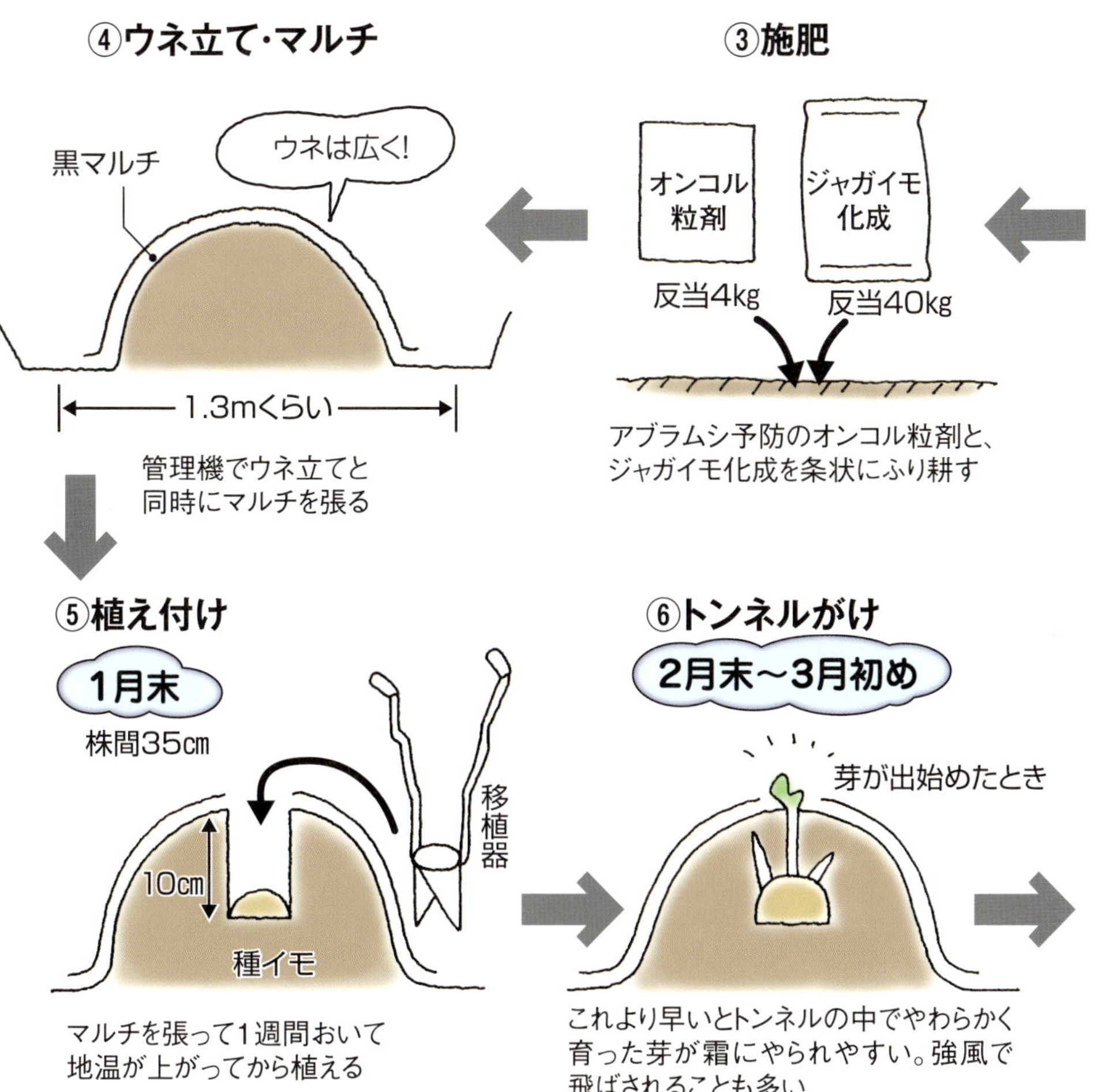

た。

トンネルで生育に雲泥の差

もっとも、早植えは芽が霜にやられる心配がある。そこでトンネルをかけて保温する。

「トンネルを張ったと張らんとでは雲泥の差。トンネル張らん人のジャガイモは生育が遅かけど、うちのはトンネルの中でゴクゴク大きくなってく」

しかもカツ子さんはわざと古い汚れたビニールを使う。近くのおじいさんが「汚れたビニールほど霜にあわない」と教えてくれたからだそうで、それ以来カツ子さんは古ビニールを大事にとっておいて使っている。

現代農業二〇一二年一月号
一日二万円売れんとイヤ
直売所名人の早出し術

トンネルは作物作型で替えるべき

夫婦で早出し談義

栃木県・桜井邦夫さん、吉野さん（編集部）

「早出し」「保温」とくれば、桜井邦夫さん吉野さん夫婦にも思い当たる節がある。ただ、お二人の住む栃木県下野市は初霜遅霜常習地。おまけに、「日光おろし」の冷たい北風も吹く。いったいどんな「コツと裏ワザ」があるのだろうか――。

邦夫さん。冬越しダイコンの二重トンネルをめくっているところ

●早出しのトウモロコシ

「不織布＋穴あきフィルム」の二重トンネルで

吉野さん（以下、母） あの頃を思い出すなー。トウモロコシだけで四反、朝トンネルを開けて、夕方閉めて……。暑すぎても寒すぎてもダメだからね。子どもを育てるよりもたいへんだった。

邦夫さん（以下、父） だけど、今は不織布と穴あきフィルムのトンネルだから、ラクだろ。

桜井家では六月中旬にはトウモロコシを販売しはじめる。逆算すると、定植は春の彼岸頃（三月）。当然、遅霜のことを考えて、二重トンネルは外せない。

内側の不織布（パオパオ）はベタがけでもよさそうだが、それだと、びっしょり濡れて、トウモロコシの葉にピタッとくっつく。撤去の際に無理やり引きはがそうものなら、株ごと倒れてしまう。その点、トンネルにしておけば、ラクに引っ張れる。不織布は軽いのも魅力である。

そして、外側のトンネルは穴あきフィルム（ユーラックカンキ）。換気の煩わしさから解放される。

父 昔は定植してから、トンネルを設置してたけどな、はあ、もうダメだ、間に合わない。モタモタしているうちに日が暮れて、せっかく植えた苗に寒気を当てちまう。だから、今は定植よりもトンネルが先。

母 すっかりロートル（老人）になっちゃったからね。でも、いいじゃない。あったかくなったところに苗を植えられるから。

「穴底植え」で

母 しかも、「穴底植え」で地温を利用するから、生育が早いのよ。

父 風にも倒されなかったなあ。

作業手順を追うと、ウネを立て、マルチを張り、植え穴を開け、トンネルを設置し、そして定植。その植え穴が深さ一五cmもあるので、セル苗がまるまる隠れることになる。

ちなみにこの植え方、「遅出し」ねらいのトウモロコシでも有効だ。穴底に定植し、モミガラを被せておけば、今度はアベコベに涼しさが保たれる。

父　暑くて暑くてしょうがない夏場の定植でも、葉っぱがピンと立ってたもんな。それで、いーのができるんだ。

母　トウモロコシなんて誰も出さない時期だから、よく売れたわね。

●冬越しのダイコン
「不織布＋農ビ」の二重トンネルで

ダイコンは十一月播種で、四月収穫。なにせ厳寒期。穴あきではなく、穴なしフィルムを使う。以前「不織布＋農ビ＋農ビ」の三重トンネルも試みたが、「たいしたことなかった」ので、「不織布＋農ビ」の二重に変更。とはいえ、その農ビも「これじゃないと冬を越せない」との判断から、厚さ〇・一mmのバッチリ保温タイプを使ってきた。しかし、重くて重くて……、近年は厚さ〇・〇七五mmにしている。

父　それでも、不織布と二重にしておけば暖かい、いや暑いな、むしろ。あれで、よく育つよなーって思えるくらい。

母　だけど、春まで換気はしないのよね。ダイコンにとっては、暑くなったり寒くなったりがダメだから。

●早出しのセリ
二重は禁物、一重で

父　お客さんから「なんで今ごろセリがあるんだ」って驚かれるよな。

母　そうそう、直売所でセリを見かけたもんだから、自分でも野山に探しに行った人がいて、「どーこ歩いてもねえよ」って。途中、コンビニで弁当とジュースも買ったから、それだけ損しちゃったみたい。一〇〇円玉ひとつ持ってくれば、ここでセリが買えるのにねえ。

吉野さん。トウモロコシ畑にて（現在は13a栽培）。トンネル被覆は初期生育のみ、遅霜の心配がなくなったら取り外す

桜井さんはセリまで栽培している。親株から採取したランナーを秋の彼岸（九月）に植え付ける。そして、早出しするために、トンネル被覆。時期も重要で、早いと伸びすぎるし、遅いと寒さにやられる。十一月下旬がちょうどいい。

父　二重トンネルにしたから、さぞかしよく育つだろうと思ったんだけどな……。病気か、湿気か、カビてトロけちゃうんだ。

母　セリは自然に生えてる草だもん、そんなにかわいがんなくてもいいのよ。かといって、トンネルなしだと、芯だけ残ってあとはみんな枯れちゃう。フィルム一枚だけ被せておくのがいいみたい。

セリのずらし栽培

セリのトンネル。1本のトンネルの中でずらし栽培。邦夫さんの立っているあたり（矢印）が､農ビ（穴なし）と農ＰＯ（穴あき）の境目。手前が農ビ。支柱はダンポールとトンネルパイプの併用。ダンポールだけだと雪に対する強度が心配なので、5本に1本はトンネルパイプにしている。他の作物のトンネルも同様

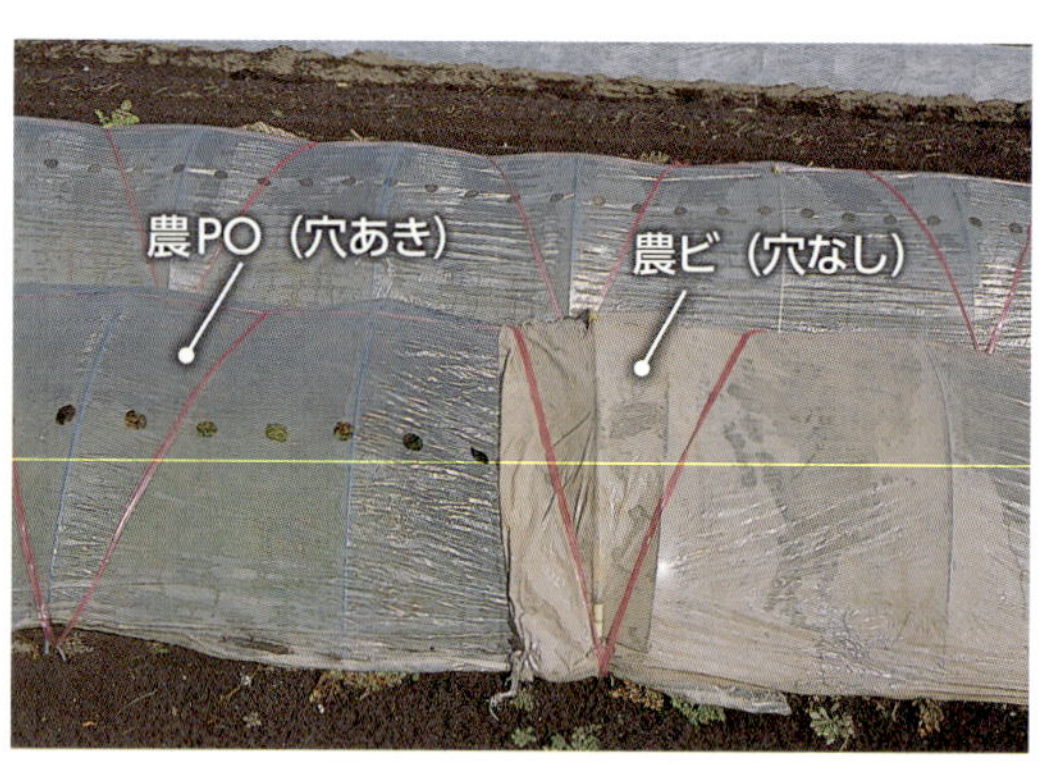

フィルムの境目。農ビはダイコン栽培のお古で、ごく早出し用。農ＰＯはトウモロコシ栽培のお古で、普通の早出し用

フィルムは汚れた「お古」がいい

父　それから、新品のフィルム、これもダメだったなあ。さぞかしセリがどんどん伸びると思ったのに。

母　新しいと、あったまりすぎて、セリが焼けちゃうのよ。反対に霜にもやられやすいしね。それにほら、露もウンとつくでしょ。病気が恐い。

だから、セリ栽培のトンネルは、すべて「お下がり」。年内から特に早出しする分は、ダイコン栽培で使った穴なしの農ビを。あとから順々に収穫する分は、トウモロコシ栽培で使った穴あきの農ＰＯを。

父　ちょっと汚れたぐらいでちょうどいいんだ。他の作物で二〜三年使ったものを、セリにまわすようにしている。

母　形あるうちは使い続ける。人に笑われてもね。

現代農業二〇一四年三月号
夫婦で早出し談義
トンネルは作物作型で替えるべき

溝底ミニトンネル方式でトウモロコシを一ヵ月早出し　発芽率もいい

兵庫県・山下正範

溝底播種したトウモロコシ。寒い時期は上を透明マルチで覆う（倉持正実撮影、以下Kも）

三月初めまきでも発芽率がいい

「芽さえ出ればこっちのもんだ」と思う作物がありますが、トウモロコシもそのひとつです。さて、そのトウモロコシ、露地で三月の初めにある方法でタネをまくと、四月に普通にまくより発芽率がいいんだと言ったら信用していただけるでしょうか。

鍵は地温にあります。溝底播種して透明マルチをすれば、最低気温がマイナス三度くらいになっても、日中の地温は三〇度を超えています。露地で、アワノメイガの被害のないきれいなトウモロコシが例年六月一八日頃から収穫できています。普通の露地植えより、一ヵ月くらい早出しができます。

昔から「野菜のタネは、秋はまき遅れるな、春は早まきするな」と言われていましたが、直売所向けに無農薬の野菜を作り始めてみると、その常識は反対じゃないかなと思うようになりました。「秋はできるだけ遅く、春はできるだけ早くまく」ほうが、きれいな野菜ができるのです。いろんな野菜の早まきにチャレンジする中で、一五年ほど前からトウモロコシの早まきにも取り組み始めていました。

三人の知恵を応用

きっかけは、戸沢英男さんの『スイートコーンのつくり方』（農文協）という本でした。戸沢さんは「早まきしたほうが頑丈な生育をして、安全でたくさんとれます」と言われます。遅霜が降っても土寄せしていれば、生長点が土の中にあるので、再生するから大丈夫とのことでした。

ちょうどその頃、東北農試にいた小沢聖さんの「溝底播種」が『現代農業』で紹介されていて、凹字の溝底にタネをまいて不織布で被覆しておけば、暖かい空気だまりができると言われていました。

また、水口文夫さんが『家庭菜園コツのコツ』（農文協）で「黒マルチは密着しているほうが地温が上がり、透明マルチは空間があるほど地温が上がる」とか「透明マルチの下でも、土に湿りがあれば芽やけの心配はない」と教えてくれました。

このお三方の教えが「トウモロコシの溝底ミニトンネル方式」に結びついたのです。

「溝底ミニトンネル方式」のやり方

▼深さ七〜八cmの溝にタネをまく

手順を具体的に書きます。芽出しは、数時間水につけておいてから、コタツの温度を最弱にして二日ほど入れておきます（温度は約三〇度）。

播種ウネは、井原豊さん伝授の一山盛耕。カマボコ型のウネができたら、三角鍬で二条の溝を切り、一輪車にブロックを載せて歩きます。これで凹字の播種溝ができます。深さは七〜八cmくらい。そこに、三〇cmおきに二粒ずつタネを落とし、三角鍬で肩の土を崩しながら覆土、もう一度一輪車を押して鎮圧します。

▼透明マルチで被覆すれば三〇度

仕上げは〇・〇二mmの透明マルチでの被覆です。溝底にミニトンネル空間ができ、手を入れると暖かさが感じられます。お天気のいい日なら三〇度以上になっているような気がします。

タネをまいて一週間から一〇日くらいすると、きれいに芽が出揃ってきます。強烈な霜が降りたら、マルチに接している葉がトロけたようになりますが、戸沢さんも言われるように大丈夫、心配いりません。

ぼくは最近、幅の広いマルチを使うようにしています。両端に余裕があるので、端の部分を三重に折り曲げて、部分的にピンで止めています。三重にしたら、マルチの端に土を乗せなくても風で飛ばされることがなくなり

ブロックを載せて一輪車で溝を作る筆者

溝底ミニトンネル方式のやり方

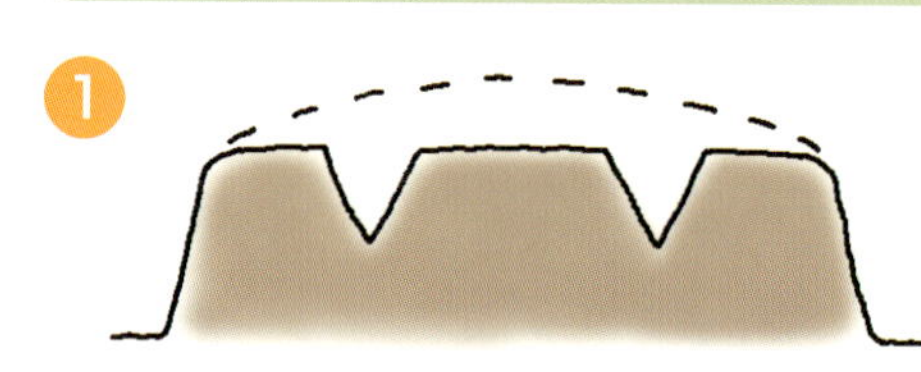

一山盛耕で作ったカマボコ型のウネに、三角鍬で溝を切る。溝を切らないとその後歩かせる一輪車が動かない

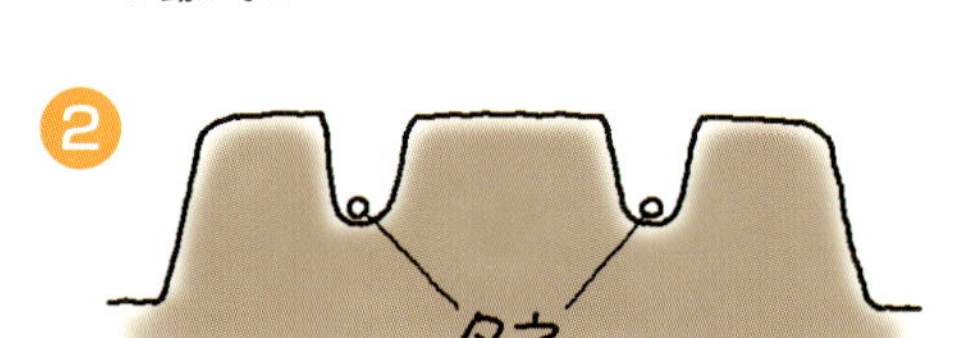

一輪車で溝を広げ、溝底に播種。軽く覆土してから、もう一度一輪車を歩かせて鎮圧

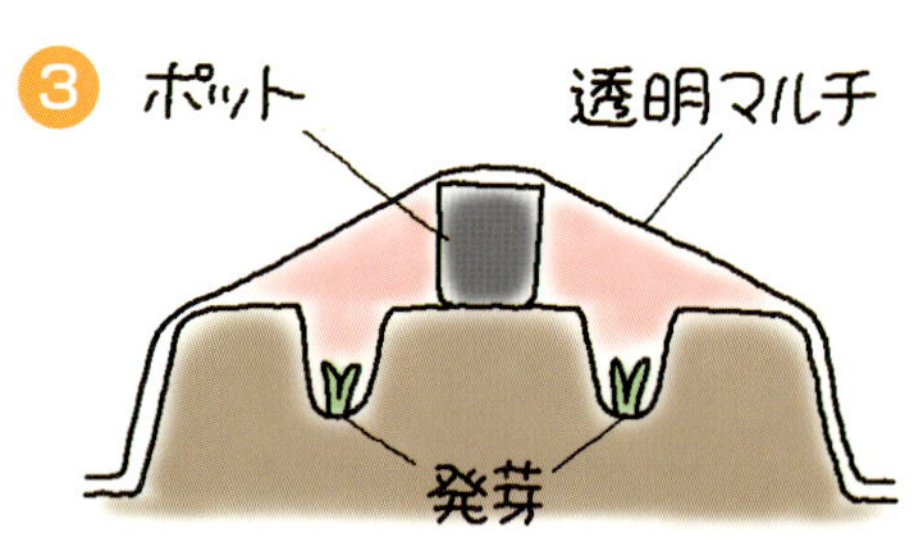

ウネの中央に硬質ポリポットを置いて透明マルチで覆う。ミニトンネル内は晴天なら日中30度くらいになる

ました。

▼雑草を埋めながら土寄せも

このトウモロコシの溝底播種、魅力は発芽率のよさだけではありません。雑草管理が簡単なのです。トウモロコシが七〜八cmくらい（本葉三〜四枚）になった頃、雑草もワシャワシャ生えそろってきます。このタイミングで、透明マルチを除去して中耕除草。雑草は削らずに、肩の土を崩して、雑草を埋め込んでいきます。これは倒伏防止のための土寄せの役目も兼ねています。

ここまできたら、もうこっちのもの（笑）。小さいうちは保温のために不織布を被せ、後は一ヵ月後くらいに一輪管理機で中耕土寄せ（ここでも雑草埋め込み）するだけで完了です。

二粒まいたタネは、間引きはしません。二本とも残しておきます。大丈夫、栄養状態さえよければ、二本とも大きな実がついてくれます。

溝を埋め戻して「土寄せ＋雑草埋め」をしたところ（K）

ウネ中央に硬質ポリポットを置くと覆ったマルチに雨水が溜まらない。これはオクラ（K）

ポットで真ん中を高くして、水溜まり回避

いいことずくめの「溝底ミニトンネル方式」ですが、泣き所がひとつ。雨が降ると、マルチの上に水が溜まって、凹字の部分がプールになってしまいます。そのたびに動力散布機を背負ってブワーッと風で吹き飛ばさねばなりません。三寒四温に変わる頃ですので、よく雨が降ります。

去年の春、ウネの真ん中に一五cmの硬質ポリポットを一・五mおきくらいに置き、マルチを張ってみました。真ん中が高くなって、水溜まりが少なくなりました。ミニトンネルの空間も大きくなるし、これはいいなと気に入っています。

この「溝底ミニトンネル方式」は、トウモロコシ以外にも応用がきくので、ぜひお試しあれ。

現代農業二〇一三年三月号
溝底播種で一ヵ月早出し、発芽率もいい

レタス

ハウス内に二重トンネル 標高七〇〇mで四月出し

長野県・三好ふみ江

私の住んでいる宮田村は、長野県南部に位置し、標高七〇〇mほどの高い所です。山に近く、冬季は太陽が出ていても、午後二時頃には陽が陰ってしまいます。気温はマイナス一〇度以下にもなり、池に氷が一〇cm張る毎日です。

わが家の経営は、水田一・八haと畑二〇a。畑ではレタス、ナタネ、キャベツや、周年栽培するサラダコマツナ、ミニチンゲンサイなどを栽培しています（出荷はすべてJA直売所）。新鮮な野菜を提供するために、収穫は原則朝採り。周りの人と出荷時期がかぶらないように、播種時期をずらしたり、ハウス、トンネルなどを利用しています。

四月にレタスを売りたい

早春期（三〜四月）、地元のお店に他産地のレタスが並んでいるのを見て、なんとかこの時期に新鮮な地元産レタスを出せないものかと考えたのが、一〇年前のことです。以来、ハウス内でトンネルをかけて栽培に挑戦し始めました。

播種は十二月上旬（最初は一月でしたが、徐々に早まりました）、育苗を始めます。一月下旬〜二月上旬になると、前作にサラダコマツナやミニチンゲンサイをつくっていた畑を耕し、ウネを立て、黒マルチを敷き、育苗したレタス苗を定植します。

定植した苗の上にはまずパオパオをべたがけし、ビニールトンネルをかけ、さらに夜間はホットンカバーをウネ間までかけて地温の低下を軽減し、保温効果を高めます。地面が乾燥したら適度にかん水をします。

トンネルのかけ方

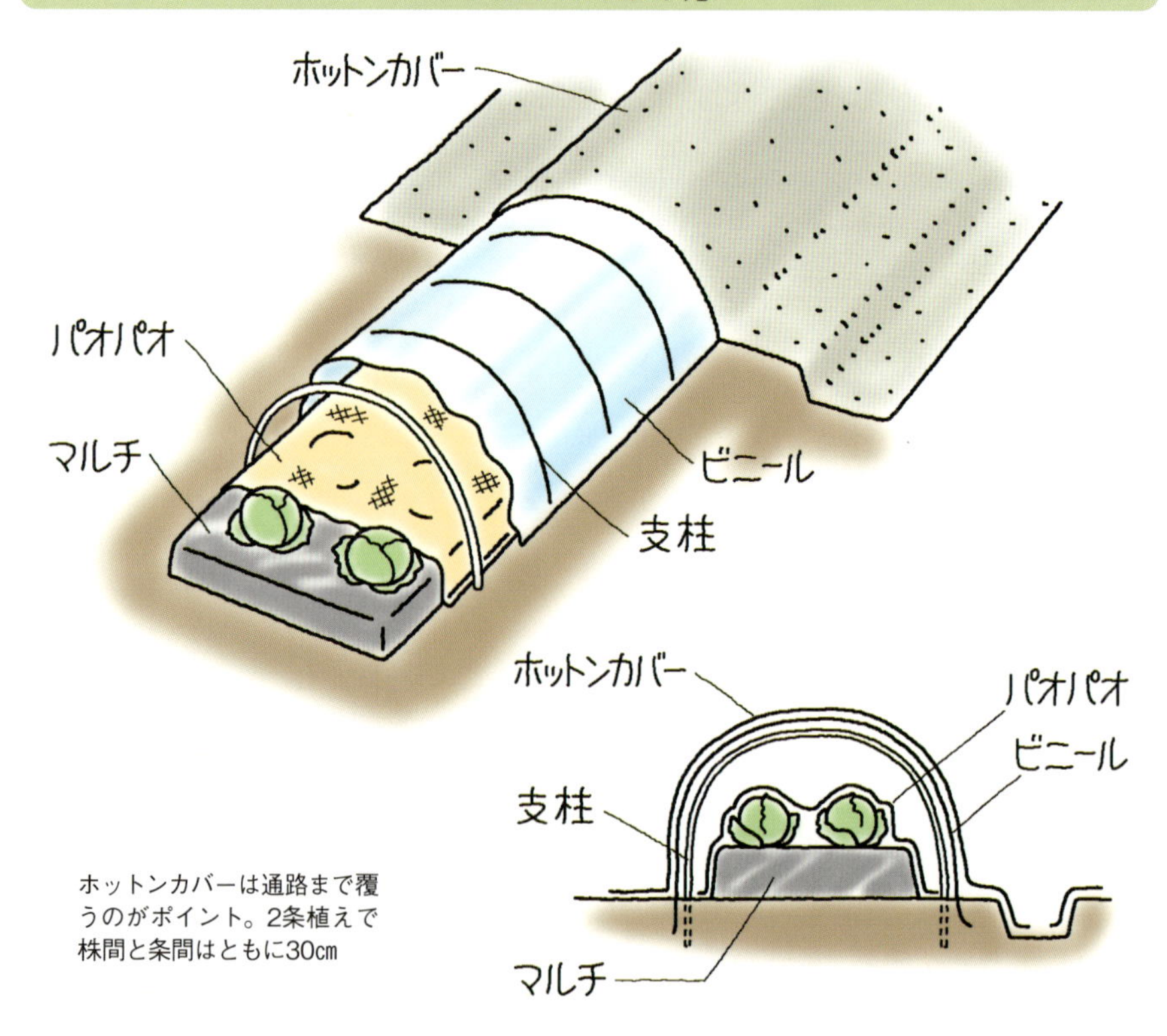

ホットンカバーは通路まで覆うのがポイント。2条植えで株間と条間はともに30cm

レタスが少し大きくなったら、暖かい日にはビニールを外して陽が陰る午後二時頃まで日光に当てます。こうして葉についた露を乾燥させ、ベト病予防をしています。

この時期には一〇～二〇cmあまりの積雪がハウスを襲うことが三～四回あります。雪の重さでハウスが潰れないように雪下ろしをします。特に夜間の雪下ろしは寒く大変な作業です。

二月中旬になると地温、気温ともに上がり、ハウス内も暑くなります。レタスも大きくなるので、ホットンカバーとビニールは外し、パオパオのみにします。

すべての被覆材を外すのは、三月半ば頃でしょうか。四月になると、ハウスを閉めたままだと暑すぎるので窓を大きく開け、雨よけのみをつけておきます。この時期になるとようやく出荷を待つばかりとなります。

一個一八〇円で普通栽培前に五〇〇個売り切る

こうしてできたレタスは、一個一五〇～一八〇円で一日三〇個販売。四月上旬～ゴールデンウィークまでに五〇〇個ほど売り切ります。普通栽培のレタスは五月下旬から売り出し始めます。

お客様に「外葉まで食べられて、軟らかくて甘い。レタスってこんなにおいしいものなんだ。多少高くても、この時期に宮田産の朝採り新鮮レタスが食べられるなんて買うしかない」と言われると、とても嬉しくて、またがんばってつくろうと思います。

また、電熱育苗、ハウスの加温などを行なえば、育苗期間の短縮、さらには出荷時期の早期化も可能かと思いますが、栽培規模や私たちの年齢を考えるとそこまで設備投資をするつもりはありません。

現代農業二〇一四年三月号　レタス
ハウス内に二重トンネル、標高七〇〇mで四月出し

アスパラガス

露地より二週間早出し　小トンネル栽培

秋田県・川崎昇一

五月上旬にアスパラを早出し

豪雪で有名な横手市でアスパラ栽培に取り組んで一四年になります。最近は、毎年のように大雪により春が遅れ、低温、霜、雹（ひょう）、突風などの被害がどの作物でも深刻です。特にアスパラは春先の低温に弱く、霜が降りると、萌芽したばかりの芽だけでなく、萌芽前の芽も腐ることがあります。春先の保温は欠かせません。

アスパラは一年を通して価格の変動が大きく、安い時はあまり利益が出ません。だからこそ、露地ものが出回る前の誰も出さない時期が勝負となります。

そこで、七年前に早出しを狙った小トンネル栽培に取り組み始めました。五月の連休前

アスパラ小トンネル栽培の圃場。ウネの両端のパイプにビニールをくくりつけ、アーチパイプにはパッカーで固定。フラワーネットを上から覆えば強風でもびくともしない

から出荷してほしいという市場関係者からの要望が多かったことがきっかけです。

夏どりも端境期に出荷できる

小トンネルでアスパラを栽培すると、露地栽培より二週間ほど早く出荷できます。さらに、春どりが早くなる関係で夏どりも早くなり、六月下旬の端境期から出荷できます。春どりも夏どりも高値で売れます。収穫期間が長くなるので、収量も若干多くなります。また、早期に立茎し、梅雨前にアスパラの硬化が進むので、茎枯病の発生を少し抑えられるのも嬉しい点です。

アーチパイプと廃材パイプでつくる

最初は、廃材となったビニールハウスのパイプを自分で曲げ、支柱に使えないか試行錯誤を繰り返しました。けれどパイプを曲げるのは大変な作業。最終的には地元の資材屋さんに頼んでアーチ状のパイプ（以下、アーチパイプ）を作ってもらいました。

小トンネルの設置法

さて、その小トンネルの設置法をご紹介します。まず、アーチパイプと廃材パイプを連結して高さ八〇cmの小トンネルを作ります。三月下旬、そこへ、ビニール、フラワーネットの順番にかぶせたら完成です。

フラワーネットはビニールが飛ばされないためのものですが、霜が降りなくなった五月中旬頃にビニールだけ抜き取れば、フラワーネットでアスパラの誘引がラクにできます。今まで誘引作業にかけていた労力が四〇～五〇分の一に削減できました。

以下は、ポイントです。

・ビニールは分厚いものを使う（厚さ〇・一mm、幅二一〇～二三〇cm）。丈夫なので三年くらい持つ。薄いビニールは弱い風でもバタバタするし、トンネル内に風が入りやすい

・フラワーネットは三目、二〇cm角が具合がいい（以前、五～六目を使っていたが、横幅があり収穫の時に邪魔になった）

・風対策をしっかりする。ビニールは、ウネの両端のアーチパイプの根元にパッカーで

固定

・使い終わったフラワーネットは片側を外し反対側に寄せておけば、来年度設置する時にラク

この小トンネルは、従来のトンネルより丈夫。廃材パイプの長さを変えればいくらでも高さを調整できるので、いろんな野菜に使えます。

現在、私の圃場は県の実証圃として登録され、県内の農業関係者が多数訪れるようになりました。

現代農業二〇一四年三月号
アスパラガス
露地より二週間早く出せる
小トンネル栽培

正面から見た小トンネルのパイプ

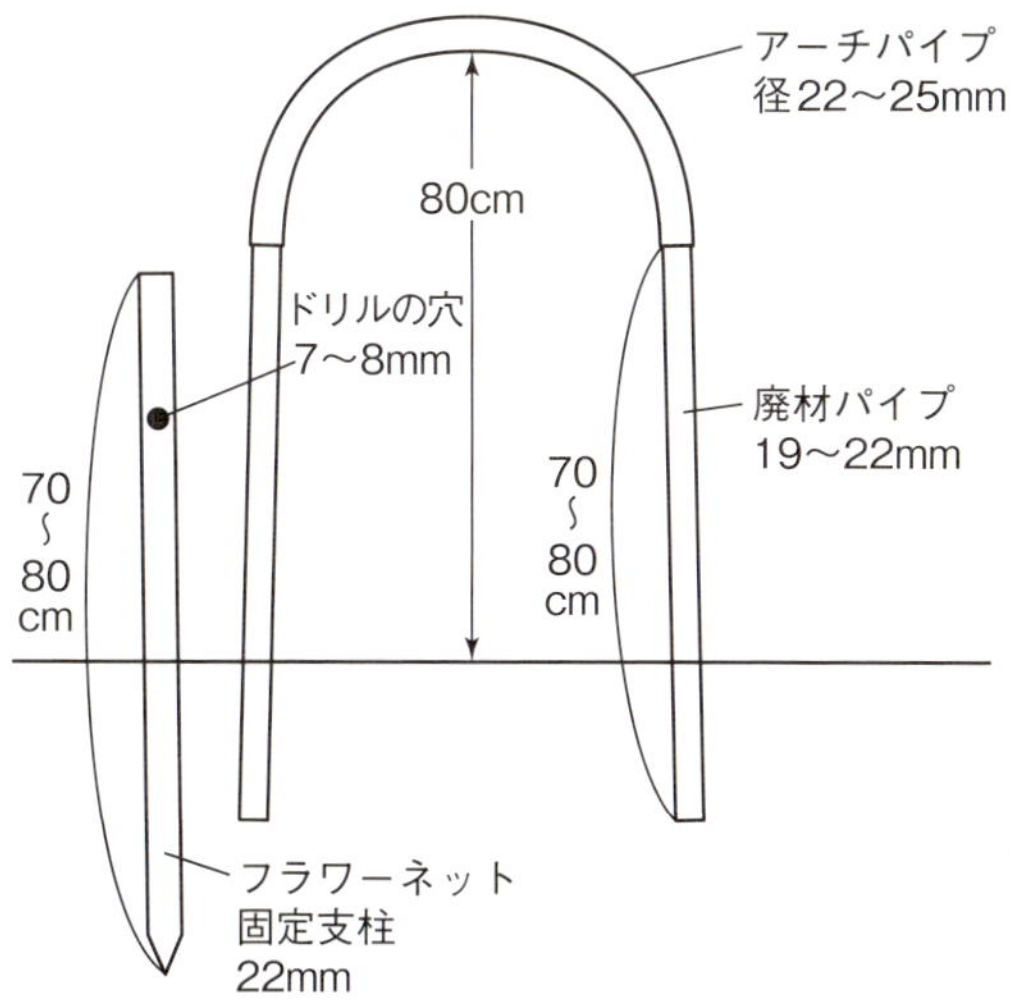

アーチパイプ
径22〜25mm
80cm
ドリルの穴
7〜8mm
廃材パイプ
19〜22mm
70〜80cm
70〜80cm
フラワーネット
固定支柱
22mm

廃材パイプ（径22㎜）にドリルで穴を開け、マイカー線を通し、フラワーネットを固定する

廃材パイプの先はつぶさない。積雪地帯では雪に押されて深く刺さるので。押された時は抜いて、穴に小石を入れ、高さを調整

フラワーネット
マイカー線

ビニールを外し、ビニール押さえに使っていたフラワーネットでアスパラの誘引が行なえる。誘引作業の労力が40分の1から50分の1になった

換気穴をだんだん増やす

編集部

最後は天井をぽっかり切り取る 千葉の早出しソラマメ

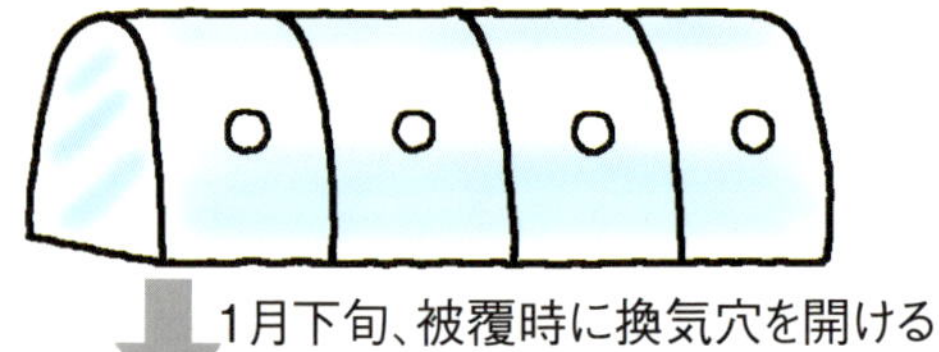

1月下旬、被覆時に換気穴を開ける

3月上旬、両側を半月型に切る

3月下旬、四方換気する

露地のソラマメは5月中下旬からの出荷になるが、1月下旬からトンネルをかけると5～7日早まり、5月上旬から出荷できる。被覆時には、トンネルの両肩に80㎝間隔で直径10㎝程度の穴を開ける。暖かくなってきた3月上旬には穴を半月型に拡大し、生長点がフィルム頂点に付き始める3月下旬にはトンネルの上半分をすっぽり切り取る（四方換気）。4月中旬の天気のよい風のない日にトンネルは完全に除去する

早出しトウモロコシも

千葉県では3月上旬に播種する早出しトウモロコシでも同様のやり方が行なわれている。1～2葉期から換気穴を開けて穴を増やしていき、4月下旬にはトンネルを除去する

8葉期には各支柱間（100㎝）に4穴

換気穴はどんどん増やす 徳島の春どりニンジン

10月から始まる播種時には10mに1つ、直径12cmの換気穴を開けておく。1～2月になると3mに1つ、2月下旬には1mに2つという具合に、暖かくなるにつれて穴を増やし、収穫期には1mに20個とか、もっとたくさんの穴が開いている。日中に30度を超えないくらいが目安。日中の温度は上がるが、朝方の冷え込みがまだ厳しい春先は、穴を増やしたいけど増やしにくい、難しい時期

換気作業の手間がかからないから大面積もこなせるわ

徳島では、４～５月定植のスイカでも同じように換気穴を増やしながらのトンネル栽培をしている

トンネルやマルチの穴開けカッターは、柄の長さや開孔部の直径（40～120㎜くらい）などにより1000～7000円ほどで市販されている。

春作のトンネルをそのまま利用 直まきで九、十月出しスイカ

千葉県・篠原茂夫

春作のトンネルそのまま 抑制スイカは肥料もいらない

ＪＡ富里市のスイカ部長をしています。作付面積は、春作の促成スイカ（一一〇a）を中心に、抑制スイカ（四〇a）、ニンジン、イネをつくっています。以前は春作スイカの後に抑制ナスをつくっていましたが、七年ぐらい前から抑制スイカをつくり始めて栽培面積を少しずつ広げてきました。

抑制スイカを始めた年の価格はまだ安くて、一kg一〇〇〇円を割っていました。それが、近年は暑さが十月まで続くこともあって価格が安定、平成二十四年は三五〇〇円、二十五年は二七〇〇円平均ぐらいでした。平均五〇〇〇円の高値がついた年もあります。

抑制スイカのメリットはその価格だけではありません。新たな資材が必要ないことも大きな魅力です。

春作が終わったら、トンネルはそのまま、中の樹（春作の残渣）を引っ張り出して、そこに抑制スイカのタネをまきます。高温期なので接ぎ木はうまくいかず、直まきです。マルチもビニールも張りっぱなしで、肥料も入れません。コストはぜんぜんかかりません。

播種後の乾燥とハトに注意

抑制スイカの播種は六～七月、春作の収穫を終えた後です。タネはトンネル内の、春作とは反対側にまきます。七cm角の穴を開け、土が乾かないうちに一粒ずつまきます。株間は七五～八〇cmです。

播種後は乾燥に注意が必要です。春作ではかん水の必要などありませんが、抑制栽培の場合は気温が高い時期に播種するので、土が乾いている時は発芽までのかん水が欠かせません。

また、タネや発芽直後の芽はハトに狙われるので、トンネルの播種した側を、本葉が出るまでは閉めておきます。それから、ヨトウムシやネキリムシの対策も必要です。ヨトウムシやネキリムシはウネ間の草や枯葉の下にいるので、播種したら周りにダイアジノン粒剤とアドマイヤー粒剤を散布します。

私は手間がかからない直まき栽培ですが、ポットで育苗する人もいます。ただし、ポット内に根が回ってから定植すると暑さで根が

スイカの圃場で地域の子供たちやＪＡ富里市のゆるキャラと。中央が筆者（写真はすべてＪＡ富里市提供）

傷みます。ポット苗の場合は早めの定植がいいようです。

三本仕立てにして一果どり

本葉が出揃ったらトンネルを両側三〇cmぐらい均一に開けて換気します。春先と違い、保温の必要はないので以後トンネルを閉めることはありません。雨が降るとビニールが落ちて、トンネルが閉まってしまうことがあるので注意。

つるが伸びてきたら、三本仕立てにします。接ぎ木に比べると根の勢いがやはり弱いので三本一果どりです。春作は四本二果どりなので、収量は春作の半分程度、一〇a当たり二〇〇ケースぐらいです。

つる引きをよく行ない、果実は一五〜二三節ぐらいにつけます。抑制スイカはほとんどがカット売りです。大きいほど単価が高くなるので、2L以上を目指します。

アブラムシがつくと生長が止まったり、モザイク病などのウイルスを媒介したりするため、早めの消毒が必要です。アドマイヤーやモスピランなどの散布で対応します。

交配はマルハナバチです。暑い時期なのでよく働くし、トンネルを開けっ放しなので設置は三反に一箱程度。春作の一〇〜二〇分の一の数で足ります。

着果時期の大敵は乾燥と台風

スイカの実がつく頃も暑く、乾燥に注意が必要です。暑く乾燥した時はかん水チューブを引っ張って、裏返してかん水します。以前は、通路に水を流し込んだりもしました。

実につく害虫としてオオタバコガ、ウリノメイガがあります。これらのチョウ目害虫にはフェニックス水和剤が有効です。

また、この時期もっとも注意が必要なのが台風です。強風でビニールを切られたり、杭を抜かれたりします。台風の時は、その前日にトンネルを全部閉めて強風に備えます。

抑制スイカの収穫は早く、受粉から三〇〜三二日です（カット売り用）。三四日くらいで収穫すると一番味がいいようです。

現代農業二〇一四年七月号
春作のウネをそのまま利用
直播きで九、十月出しスイカ

抑制作型のトンネル管理

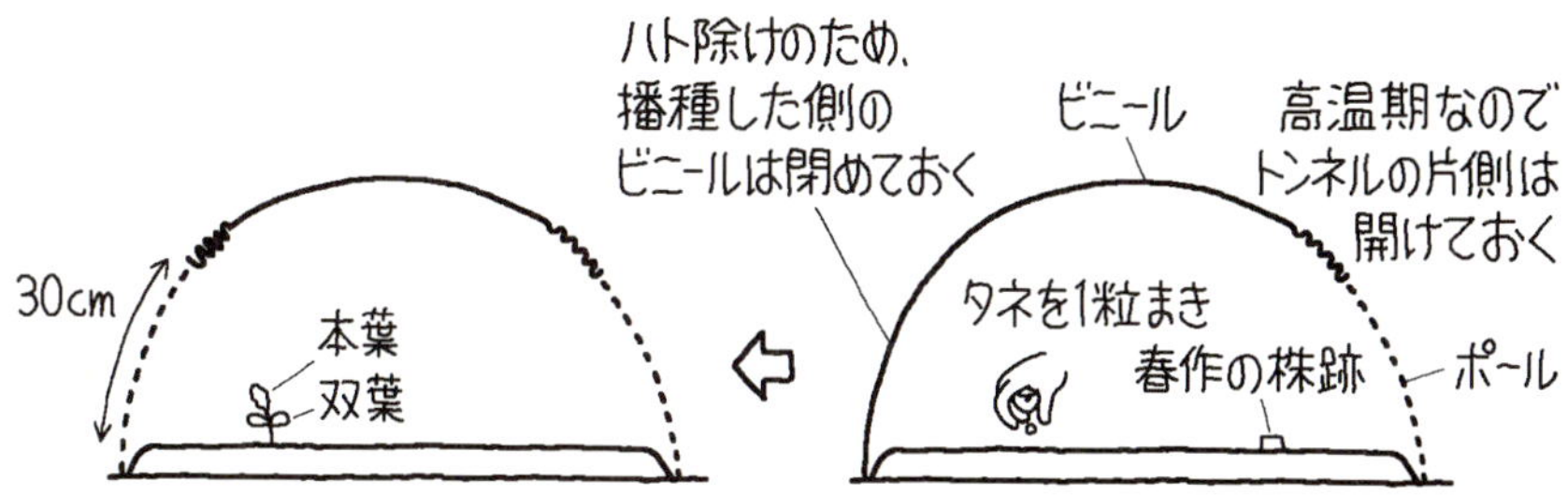
ハト除けのため、
播種した側の
ビニールは閉めておく
ビニール
高温期なので
トンネルの片側は
開けておく
タネを1粒まき
春作の株跡
ポール
30cm
本葉
双葉

本葉が出揃ったらトンネルを開放。夜も閉めない　　播種は春作とは逆側

促成スイカと抑制スイカの作型

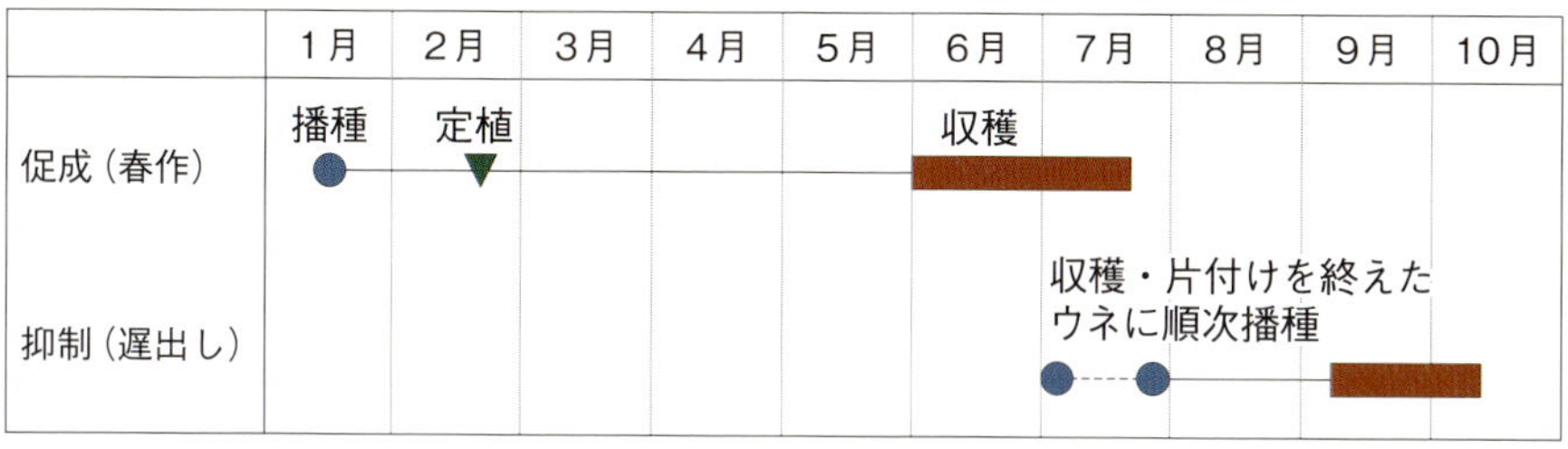
1月
2月
3月
4月
5月
6月
7月
8月
9月
10月
促成（春作）
播種
定植
収穫
抑制（遅出し）
収穫・片付けを終えた
ウネに順次播種

抑制の作型は高温期なので、生育期間がグッと短い

トンネル資材組み合わせて年間五〇品目を切れ目なく

茨城県・西口生子さん（編集部）

1 月下旬まきの葉物のトンネル。テクテクと農ビ（0.07 ㎜）の二重被覆にした

西口生子さん

年間五〇種類もの野菜を栽培し、直売所や野菜ボックスの宅配で販売する西口生子（いくこ）さん。露地野菜のトンネルは、農ビに有孔フィルムのユーラックカンキ、テクテク（不織布）を組み合わせて保温する（左図）。夏場も防虫ネットをかけるので、一年中トンネルの世話になっている。「ピシッと張ったトンネルは見ていて気持ちがいい」とのことで、かなりのトンネル好き。

十二月中旬から一月下旬まきのダイコンやニンジンなど、厳重な保温が必要な時は、マルチをしたウネにユーラックカンキ（換気孔三〜四列のもの）と農ビの二重トンネル。内側はユーラックカンキかテクテクかで全然保温効果が違うので、前にまいた分より収穫を遅らせたい時には内側をテクテクにする。年中野菜を切らさないために、被覆パターンを細かく使い分けている。

現代農業二〇一四年三月号
トンネル資材組み合わせて
年間五〇品目切れ目なく

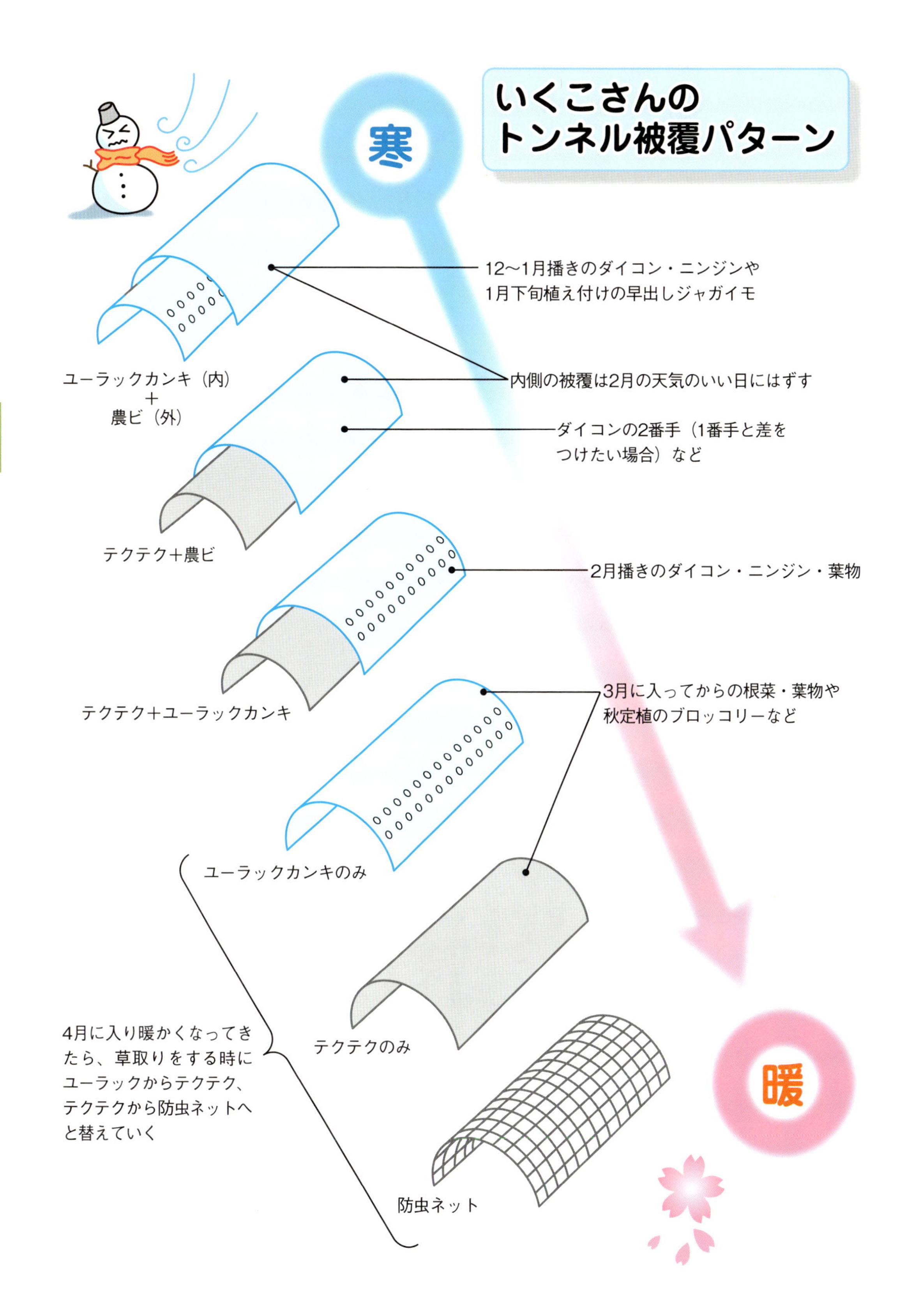
いくこさんの
トンネル被覆パターン
寒
暖
12〜1月播きのダイコン・ニンジンや
1月下旬植え付けの早出しジャガイモ
ユーラックカンキ（内）
＋
農ビ（外）
内側の被覆は2月の天気のいい日にはずす
ダイコンの2番手（1番手と差を
つけたい場合）など
テクテク＋農ビ
2月播きのダイコン・ニンジン・葉物
テクテク＋ユーラックカンキ
3月に入ってからの根菜・葉物や
秋定植のブロッコリーなど
ユーラックカンキのみ
4月に入り暖かくなってき
たら、草取りをする時に
ユーラックからテクテク、
テクテクから防虫ネットへ
と替えていく
テクテクのみ
防虫ネット

四～五月の端境期ネギを抽苔させずにつくる

茨城県農業総合センター園芸研究所・貝塚隆史

左の抽苔しているネギは中生品種の「夏扇３号」。中央と右は晩抽性品種で、それぞれ「春扇」「羽緑一本太」

端境期になりやすい四～五月のネギ

四～五月どりのネギは、春の抽苔や低温期の葉身の枯れこみ等によって安定生産に支障を生じやすく、端境期に陥りがちです。しかしネギは周年需要があり、業務・加工用途を中心に定時・定量出荷が求められています。

近年、品種や栽培管理方法が改善され生産は安定してきましたが、依然として抽苔の発生は大きな問題で、その抑制技術について検討しているところです。ここで、その一端を紹介します。

低温で花芽分化、高温で花芽消失 花茎が伸びると抽苔

日本で栽培されている多くのネギの品種は、葉鞘の太さが五～八㎜以上になると（出葉数が八枚目以降ともいわれます）、低温または短日によって花芽が分化します。また、低温や短日が不十分でも、チッソ欠乏や土壌乾燥などでチッソ吸収が不足した場合にも花芽分化が助長されます。ちなみにネギは盤茎付近が七度程度で最も低温感応することが知られています（品種による差はありますが）。

分化・発育した花芽は高温・長日条件で、またチッソ吸収が旺盛になるといっそう花茎を伸長させ、花毬がみえるようになります（これを抽苔と称します）。ただし、花芽分化していても、ある程度の発育ステージまでに高温に遭遇した場合、花芽が打ち消される「脱春化」が起こります。脱春化の温度は品種によって異なり、二〇度程度のものもあれば、二五～三五度以上の高温が必要とされる品種もあります

四～五月どりネギに適する「晩抽性品種」（春扇など）は、このような低温感応・脱春化の関係で花芽分化しにくいだけでなく、その後の抽苔が遅い性質もある、とみられています。

四月どりは、不織布浮きがけで

慣行の四月どりネギ栽培の作型は、四月に

４月どりネギの浮きがけ。トンネル支柱を斜めに挿して、一条ごとに被覆した試験の結果、11 月下旬～12 月上旬のうちに青色不織布の浮きがけ被覆を開始し、収穫直前まで行なうことで、４月上中旬の抽苔発生率を低くできることがわかった。被覆時期が遅れると抽苔が多くなることに注意。青色不織布のコストと被覆に要する労働費がかかるが、増収分と勘案すると10ａ 64000 円増益の試算となった

播種し、本来十二～一月に収穫できるネギを圃場に残して四月どりする「置きネギ」と呼ばれるものです。低温で枯れてしまった葉を補うため、新葉の発生を待って収穫します。

冬季に十分な大きさになっているため、花芽が形成され抽苔する確率は極めて高くなっています。その後、二～三月の気温が低いと生葉の回復は遅延しますが、抽苔の発生は遅れます。反対に二～三月の気温が高いと、四月上旬には出荷規格の生葉数を十分に確保できますが、抽苔も早まる傾向がみられます。

そこで、低温期の葉枯れを防ぎながら抽苔を遅延させ、品質のよいネギの生産技術開発に取り組みました。

まず、生育日数を短縮して新鮮な品質のよいネギを生産するために、播種期を慣行の四月から七月に変更しました。七月播種は四月播種より葉鞘は軟弱にならず、新鮮さがありピルビン酸生成量（辛味成分の硫化アリル類の前駆物質）が少なくなります（表1）。

次に、抽苔発生を遅延させ、低温による葉枯れを軽減するために、十二月に生育中のネギに浮きがけ被覆を行ないました。被覆資材を一条ごとにネギに触れないようにかけると

表1　播種期と浮きがけ被覆資材がネギの品質に及ぼす影響

品種	播種期	被覆資材	硬さ（g）	還元糖（g/100g）	ピルビン酸生成量（μg/g）
春扇	7月（7/4）	ビニール	935	3.22	1120
		青色不織布	1165	3.95	833
		白色不織布	1276	3.98	938
		無処理	1351	3.90	958
	4月（4/6）	ビニール	862	3.66	1008
		青色不織布	1005	4.18	990
		白色不織布	1128	4.29	1049
		無処理	1015	3.93	1071

硬さ＝φ３㎜の円柱プランジャーで突き刺した抵抗値
収穫：４月６日

4月どり、品種と浮きがけ被覆資材の違いが抽苔発生に及ぼす影響

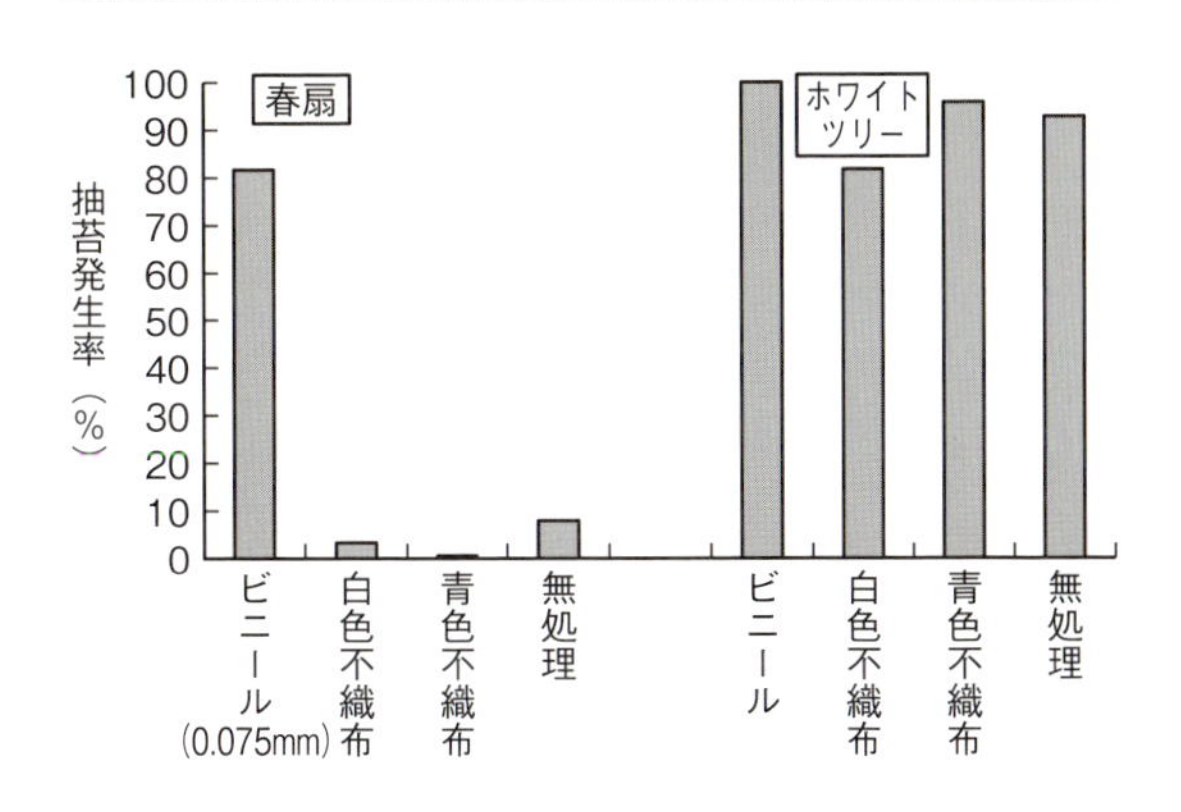

5月どりネギのトンネル部分換気
5mおきに、幅3m高さ20㎝に片側だけ開口する

霜害を受けにくくなり、四月には出荷規格を十分に満たす生葉数を確保することができます。使用した被覆資材を比較すると、ビニールは被覆内部の気温が上がり過ぎ、花茎の伸長が促進されて抽苔が増加し、収穫物も軟弱となりました。白色不織布と青色不織布を被覆すると、無被覆と比較し、被覆内の気温は夜間がやや高く、日中はやや低い傾向がみられ、春扇の抽苔は少なくなりました（121頁図）。さらに、青色不織布の被覆では葉身・葉鞘の伸長効果が認められました。これは、赤色光がやや遮断され、赤色光と遠赤色光の比が小さくなる（メーカー発表）など光質の影響が考えられます。

表2　ネギ品種および昼温の違いが抽苔発生に及ぼす影響

	品種	抽苔発生率（%）	
		昼温（℃）	
		15.0	25.0
晩抽性品種	春扇	25	0
	羽緑一本太	17	0
中生品種	夏扇３号	92	75
	ホワイトタイガー	100	83

播種：10月16日
葉鞘径8㎜に達した後、温度処理
夜温：7℃、昼温：15℃、25℃／明期：10時間　暗期：14時間／処理期間60日
出庫後60日間の抽苔発生率を調査

結論として、四月どりネギ栽培では晩抽性品種を七月に播種し、十一月下旬～十二月上旬の間から収穫直前まで青色不織布を浮きがけ被覆することで、抽苔発生を遅延させ、新鮮なネギを生産できます。浮きがけ被覆を行なっている間の防除や培土などの管理作業には資材の脱着が必要で、作業時間を要することから、今後、簡易な脱着方法や被覆終了時期の検討が必要と考えられます。

五月どりは、二五度の部分換気で

五月どり栽培は普通、九月下旬～十月中旬に播種し、ビニールトンネル内に定植して密閉状態で冬季を過ごします。二月下旬からは温度が上がり過ぎないようにトンネルを開け、適温に近づけて生育を促進。慣行栽培ではトンネルの開口部を徐々に大きくし（夜間閉めることはしない）、三月下旬から四月上旬には除去するのが普通です。しかし、トンネルを開け始めてから低温に遭遇すると、花芽分化が誘導され抽苔することがあります。

そこで、五月どりで慣行的に栽培されている晩抽性品種に合わせたトンネルの温度管理技術を検討しました。晩抽性品種は、中生品種より抽苔発生率が低く、夜温七度（最も低温感応しやすい温度）・昼温二五度の管理で、抽苔が発生しない（脱春化と推測されます）ことがわかりました（表2）。

さっそく、二五度を目安にトンネルを開ける換気方法を検討したところ、開放（終日開けたまま）と比べて、夜温が高くなりました。また、トンネルは全体的に開けるより、部分的に開口するほうが昼温が高まります。抽苔発生率は部分換気区が最も低く、慣行の全体開放区より八％低下しました。

現代農業二〇一二年一月号
四月どりネギ・五月どりネギを、
抽苔させずにつくるには

ナスのトンネル株元保温の様子

ナスのトンネル株元加温で油代減らし、三割増収

JAそお鹿児島・西郷ナス専門部会（編集部）

JAそお鹿児島の西郷ナス専門部会では、数年前からハウス内でトンネルを使ったナスの株元加温を行なっている。写真のように、主枝の分岐下をトンネルで覆い、暖房機のダクトをその中にも引き入れて、株元部分をより効率的に温めるという裏ワザだ（福岡県農業総合試験場が開発したもの。詳しくは現代農業二〇一〇年十二月号参照）。

これを行なうと、トンネル内の温度はハウス内の温度より二～三度高くなる。暖房機の設定温度を通常より二度くらい下げても収量への影響がないことがわかった。それどころか、ふつうの加温栽培に比べて収量が一三五％になった圃場もあり、ナス部会ではこの技術がいま広まりつつあるという。

JAの指導員である大曲達也さんによると、トンネルだけなので設置コストが安く、省エネ効果も大きい。また、実際は、トンネル内に暖房機のダクトを引き入れなくても保温効果が結構あるとのこと。

昨年からはナスだけでなくピーマン部会でも株元加温の実証試験が始まっている。

現代農業二〇一四年三月号
ナスのトンネル株元加温で
油代減らし、三割増収

風に強くて作業しやすいトンネルの張り方

神奈川県・三上幸一さん、木村治夫さん（編集部）

二人に共通しているのは、①支柱の間隔が狭い、②杭をたくさん使う、③ふつうのたすきがけはしない、ことなど

じつは強い！ 三上さんの1本留め垂直バンド式トンネル

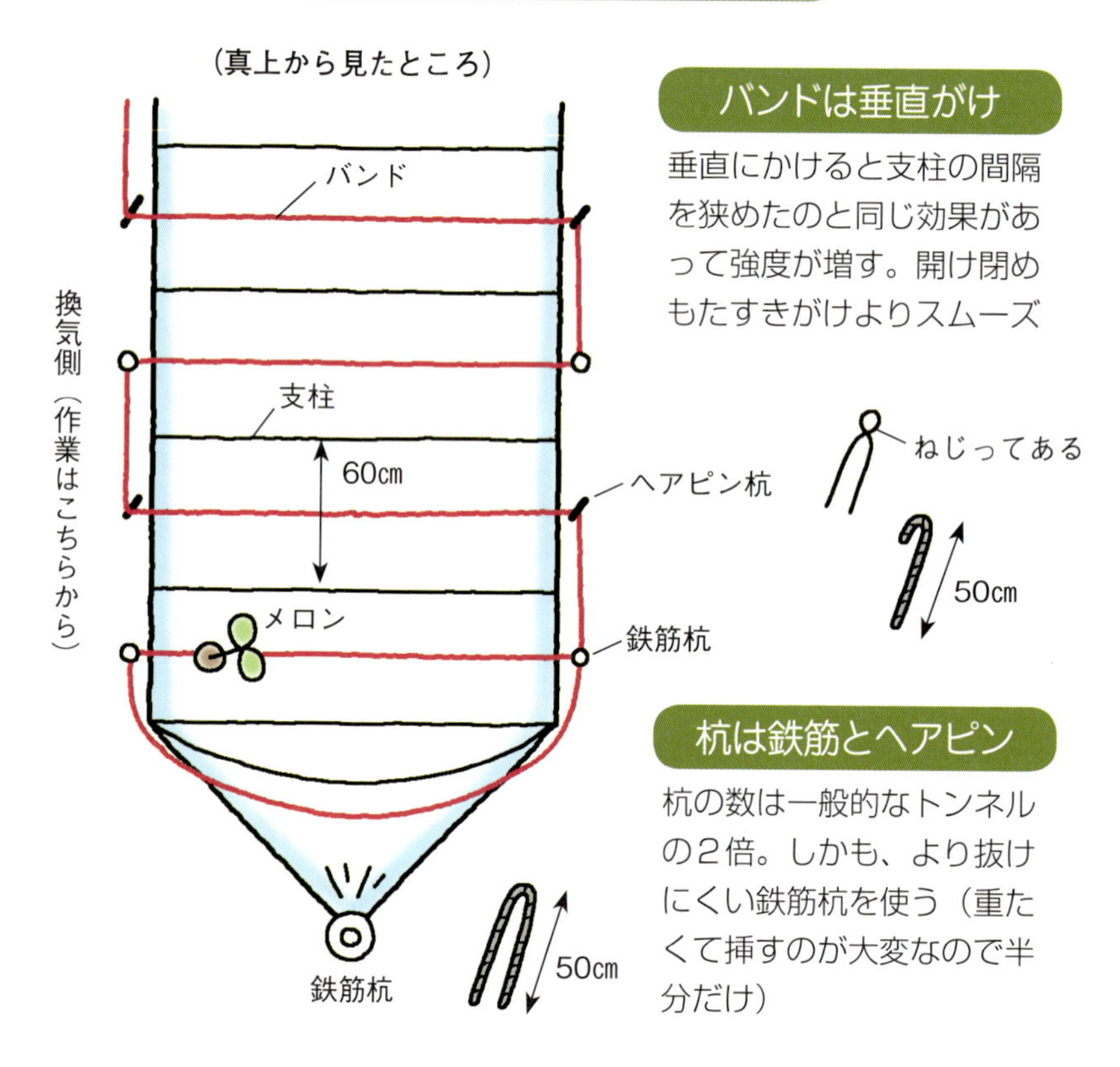

バンドは垂直がけ

垂直にかけると支柱の間隔を狭めたのと同じ効果があって強度が増す。開け閉めもたすきがけよりスムーズ

杭は鉄筋とヘアピン

杭の数は一般的なトンネルの2倍。しかも、より抜けにくい鉄筋杭を使う（重たくて挿すのが大変なので半分だけ）

端は1本留め

三浦では2本留めが主流だが、1本留めのほうがビニールを引っ張るときに左右のバランスがとりやすく、一つに束ねたぶん2本留めのときより風で破れにくかった！　これなら1人でも引っ張れるので3年前から切り替えた

三上さんのトンネル。補強として、10mおきにパッカーでビニールを支柱に留める。トンネルが風で動かないように端から2mだけテープで支柱の中央を結んでいる

めっぽう強い！

木村さんの二重たすきがけトンネル

バンドは二重たすきがけ

たすきがけを二重にする（支柱と支柱の間に２本のバンドをかける）ことで強化。換気のために開けたビニールがずり落ちないよう、杭を支柱から少し横にずらして挿し、バンドが支柱に強くひっかかるようにしている

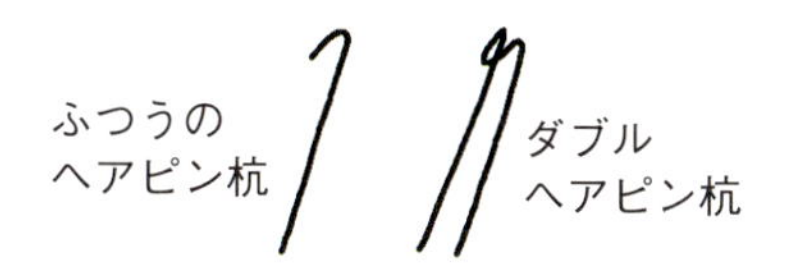

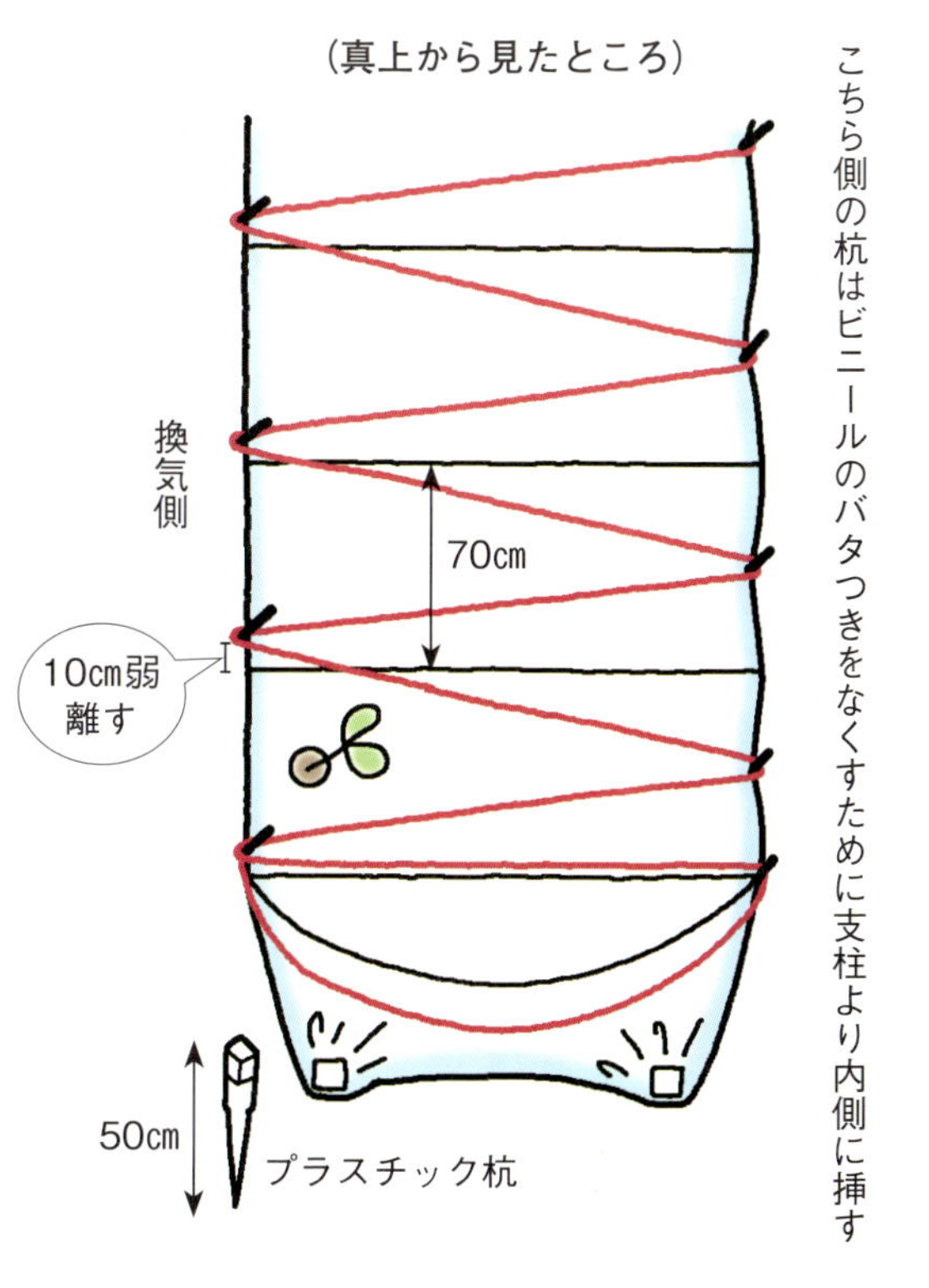

杭はダブルヘアピン杭

ヘアピンがダブルなので抜けにくい。換気側の杭はビニールのバタつきを押さえつつ開け閉めしやすいように支柱の真横に挿す。しかも支柱より10cm弱離すことで、バンドを支柱にひっかけ、ビニールが風でずり落ちないようにしている

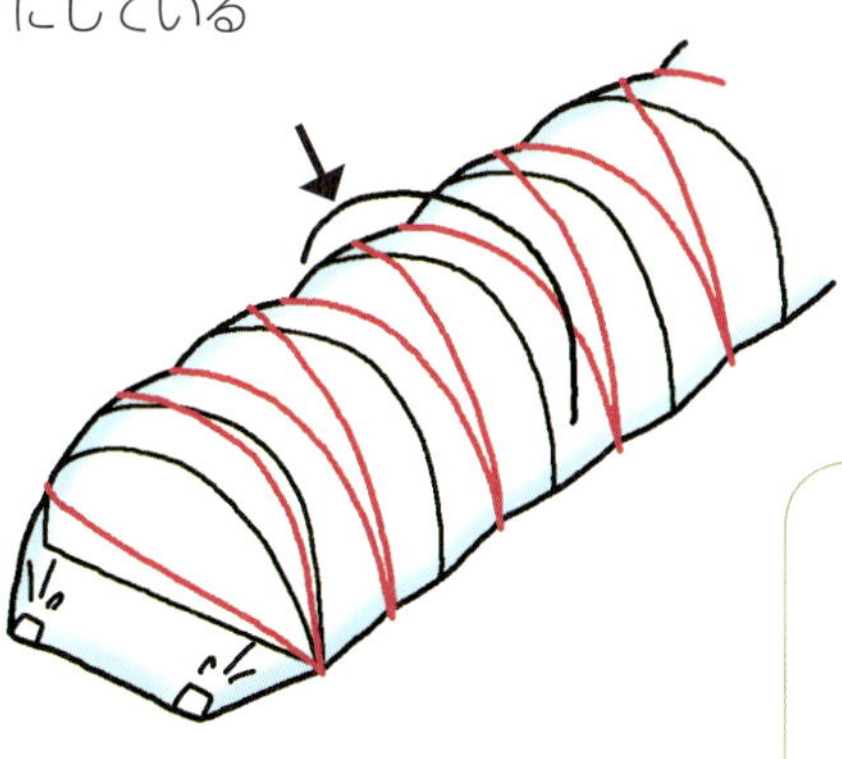

支柱５～７本おきにビニールを支柱（矢印）で押さえて補強

端は２本留め

三浦で現在主流の２本留め。たしかにビニールを左右均等に引っ張るのは難しいので、端を留める作業は研修生に任せず、必ず自分でやる

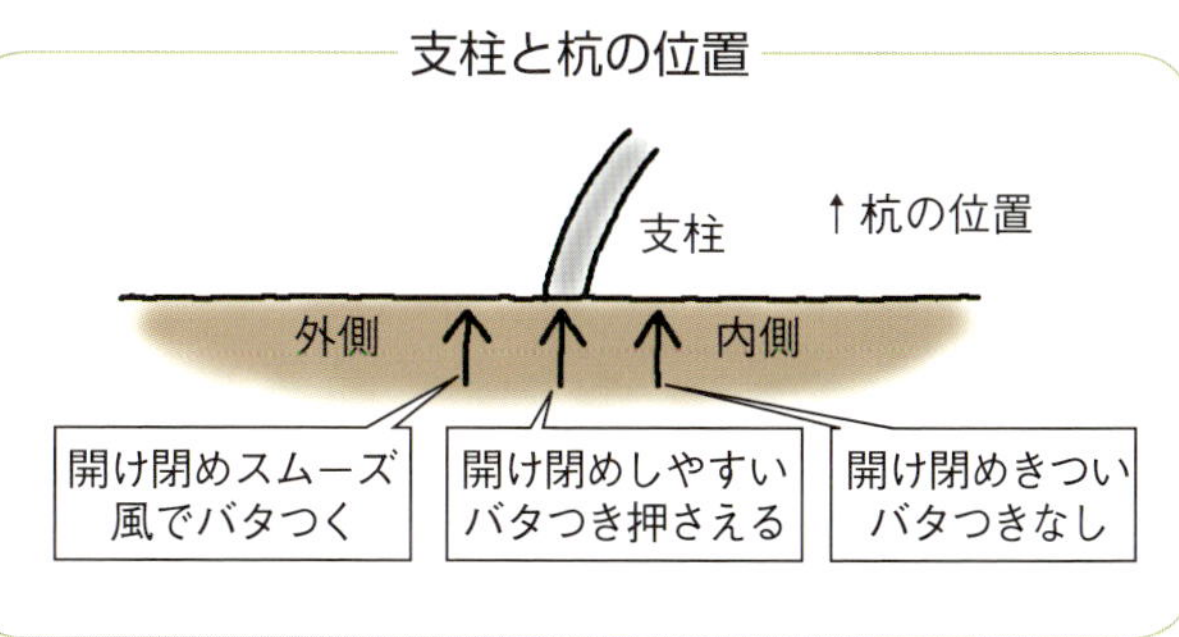

もっとある

三浦の強風に強いトンネル

トンネルの張り方は十人十色。強風対策&作業性アップの工夫はまだある。三上さんと木村さんに解説してもらった

端を3本留め

厳重に3カ所で留める人もいる。トンネルの天井部分をテープで結ぶ場合（下写真）はこのテープを固定する役目も兼ねている

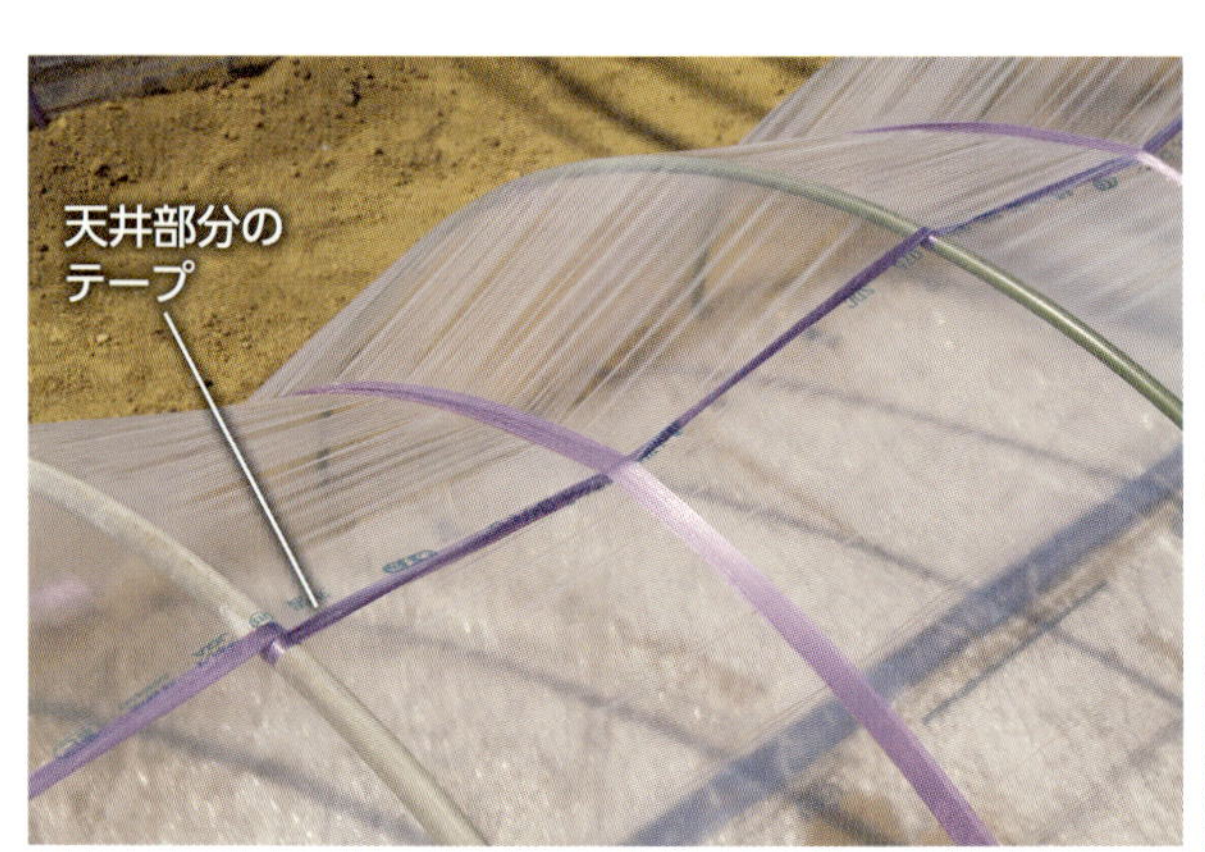

トンネルすべてをテープで結ぶ

トンネルの天井部分にテープを結びつけていくと、全体が一つに固定されて強くなる。ちなみに三浦では、バンドといった場合もこの紫色のスズランテープ。「紫がいちばん強いと思う」と三上さん

端を土で埋める

トンネルの端の土を50㎝ほど掘ってビニールの端を埋めるやり方。写真はスイカで、杭でも留めているが、土だけで留めても風にけっこう強い。力が、杭のように部分的でなく全体にかかる

漁網をかぶせる

頑強なトンネルをつくったうえで、台風が来たときにはさらに漁網をかけてピンで留めて動かないようにする。木村さんもやる

杭を使わない二重たすきがけ

杭は使わず、支柱の地際に巻きつけながら張ったテープにバンドを固定していく。杭を使わないから仕事が早い。バンドが支柱の位置で留まっているので風によるバタつきもなくて強いが、めくられると全体が飛ぶ

ダンポール

ダンポールを使って二重たすきがけ

杭より軽いダンポールを使うやり方で、ダンポールを挿しながらバンドを埋めていく。「これも仕事はいちばんラクで強いけど、めくられたら全体が飛んじゃう」と木村さん。「家庭菜園にいいよな」と三上さん

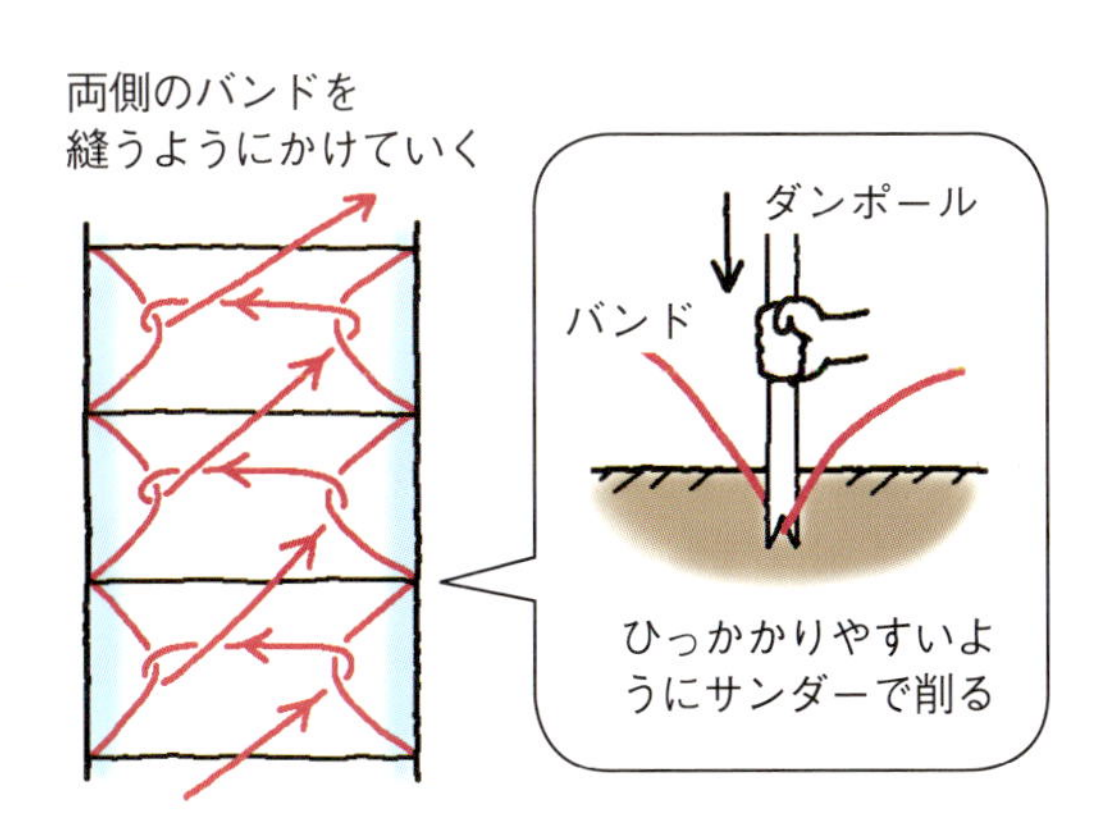

現代農業2014年3月号
全国屈指の強風地域・三浦で見た
風に強くて作業しやすいトンネルの張り方

トンネル用ビニールがラククラク張れる 繰り出しローラー

神奈川県・木村治夫さん（編集部）

一二四ページで、風に強いトンネルの作り方を教えてくれた木村治夫さん。支柱の上にビニールをかけていくときの便利な道具を見せてくれた。

幅二五〇cmの二〇〇m巻きビニールは重さが五〇kg以上もある。芯を二人で持ちながらかけていくのは重くて大変。そこで写真の「繰り出しローラー」に芯をのせ、ビニールの端を持ってかければ軽くてすむというわけだ。

現代農業二〇一四年三月号
トンネル用ビニールがラクラク張れる
繰り出しローラー

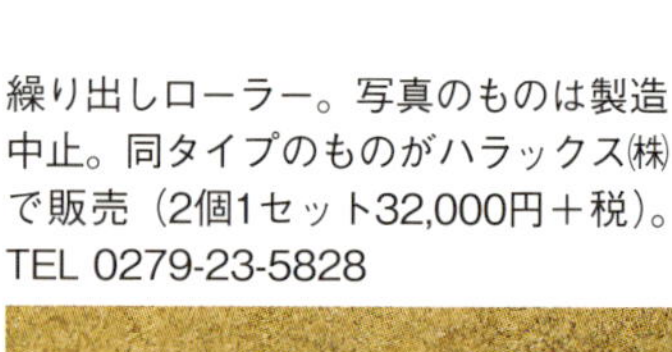

繰り出しローラーを見せる木村さん。ビニールをトンネルの終わりまでかけてからでないと固定できないため、風の強いときには使いにくい（赤松富仁撮影、下も）

繰り出しローラー。写真のものは製造中止。同タイプのものがハラックス㈱で販売（2個1セット32,000円＋税）。TEL 0279-23-5828

挟む・乗るでパイプが埋まる
パイププッシュ

徳島県・竹治孝義

この「パイププッシュ」を使うと、事前に穴を掘ることなしに、トンネルのパイプ（支柱）をそのまま地中に刺すことができる。重さは一・六kgで持ち運びやすい。ゴムは、厚く、軟らかい、ベルトコンベアのものを使用している。

現代農業二〇一四年三月号
挟む・乗るでパイプが埋まる　パイププッシュ

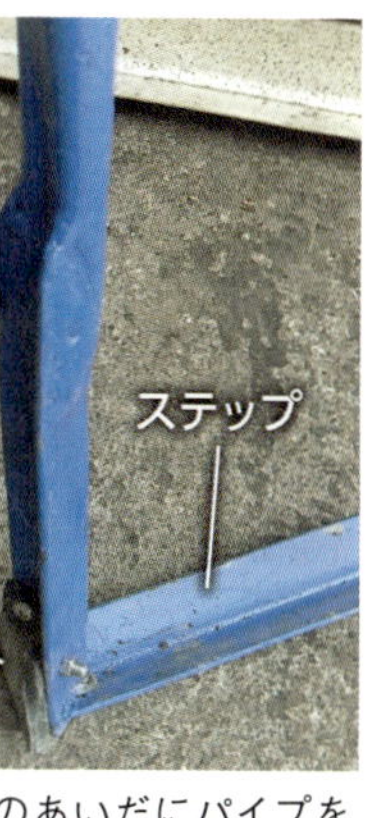

2つのゴムのあいだにパイプを固定。ステップに力を込めると、パイプが地中に埋まる。パイププッシュの長さは143㎝。ステップは20㎝ほど

一人トンネル張りに
釣り竿

茨城県・西口生子さん

トンネルのテープかけは二人でやるとラクだが、釣り竿があれば一人でも大丈夫。釣り竿は、農家の先輩から就農祝いにいただいたもの。「大型トンネル張りに欠かせません」と生子さん。

現代農業二〇一四年三月号
一人トンネル張りに　釣り竿

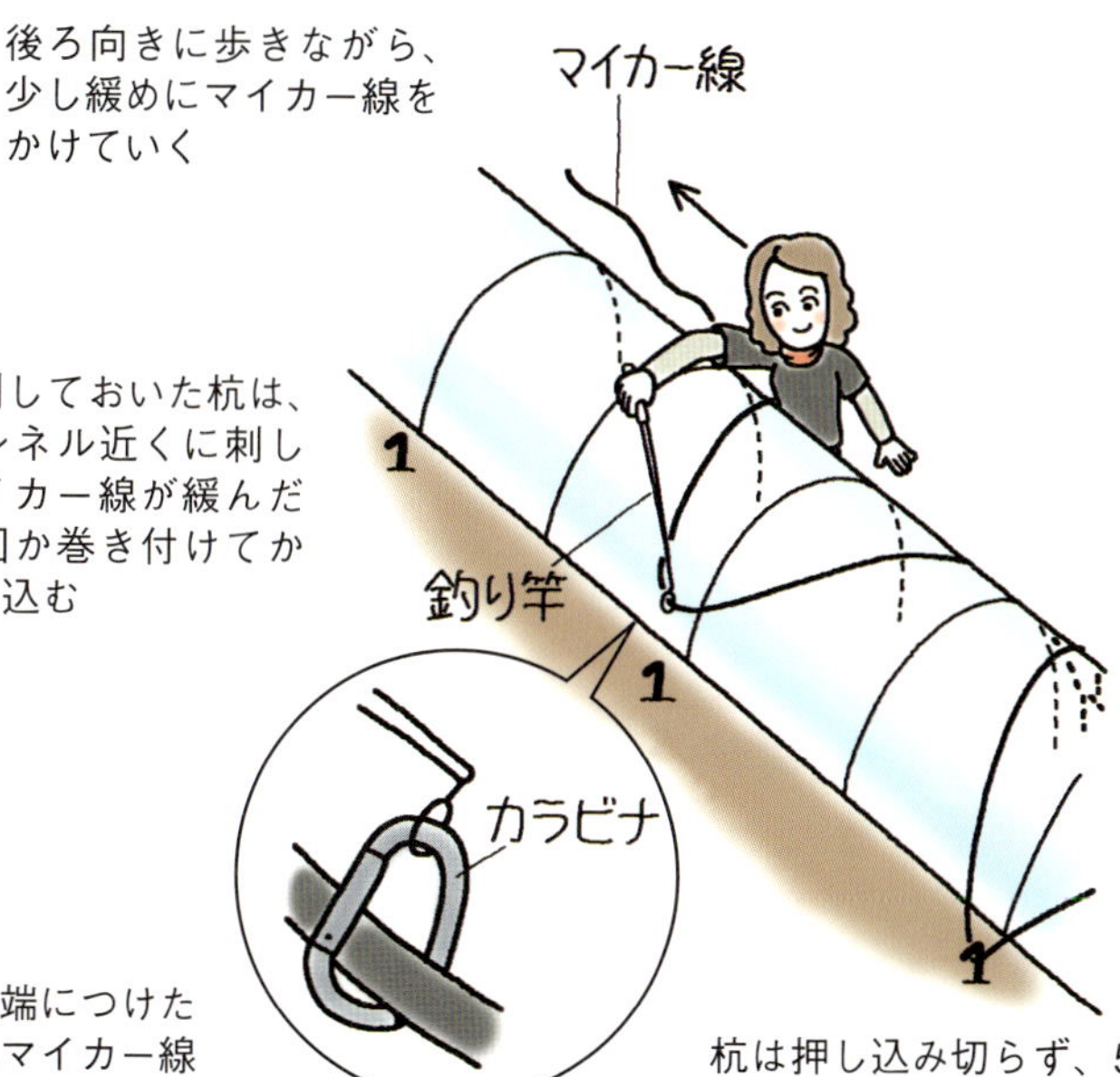

後ろ向きに歩きながら、少し緩めにマイカー線をかけていく

浮かして刺しておいた杭は、最後にトンネル近くに刺し直し、マイカー線が緩んだら杭に何回か巻き付けてから深く押し込む

釣り竿の先端につけたカラビナにマイカー線を通しておく

杭は押し込み切らず、5㎝くらい浮かしておく。釣り竿でかける側の杭はトンネルから5㎝くらい離して刺すと、杭がトンネルの陰に隠れず見える

ワンタッチでラクラク開閉

簡易開閉式トンネル

宮城県農業・園芸総合研究所・酒井博幸

長さ一二mのトンネルが九秒で全開

ハウス内のトンネル開閉作業の省力軽労化を図るため、ハウス内に簡易に設置でき、一人でも容易に短時間で開閉できる、また肝心の保温性も慣行トンネルと同等というトンネルを開発したので紹介します。

開閉作業は、いちいちビニールをはがしたり留めたりせず、妻面一方側から押し引きして行ないます。長さ一二mのトンネル（高さ一m、幅一・二m）では、開くのに約九秒、閉めるのに約一三秒しかかからず、合計の時間は慣行のトンネルの二七%と大きく減少しました。トンネルの大きさを変えても同様の傾向が見られ、作業時間の大幅な短縮ができます。トンネルの長さが四〇mあっても正しく開閉できることを確認しており、実際に使ってもらった方にも、「とても作業しやすい」

閉じた状態

開いた状態

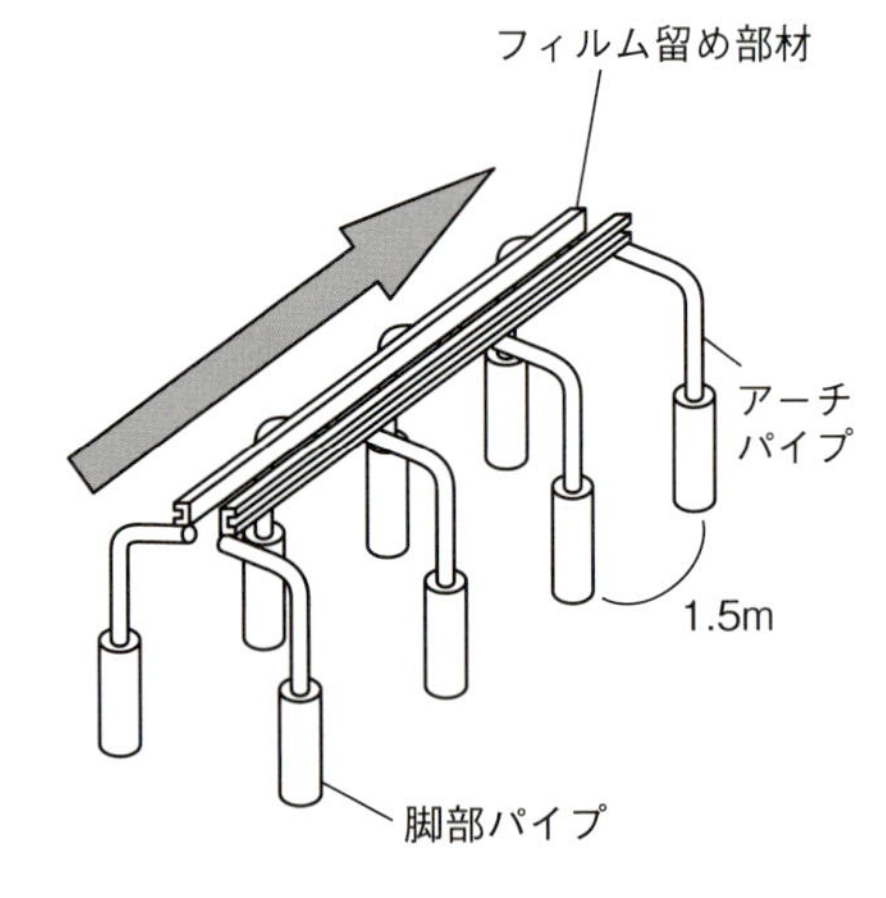

矢印方向に押せば開く

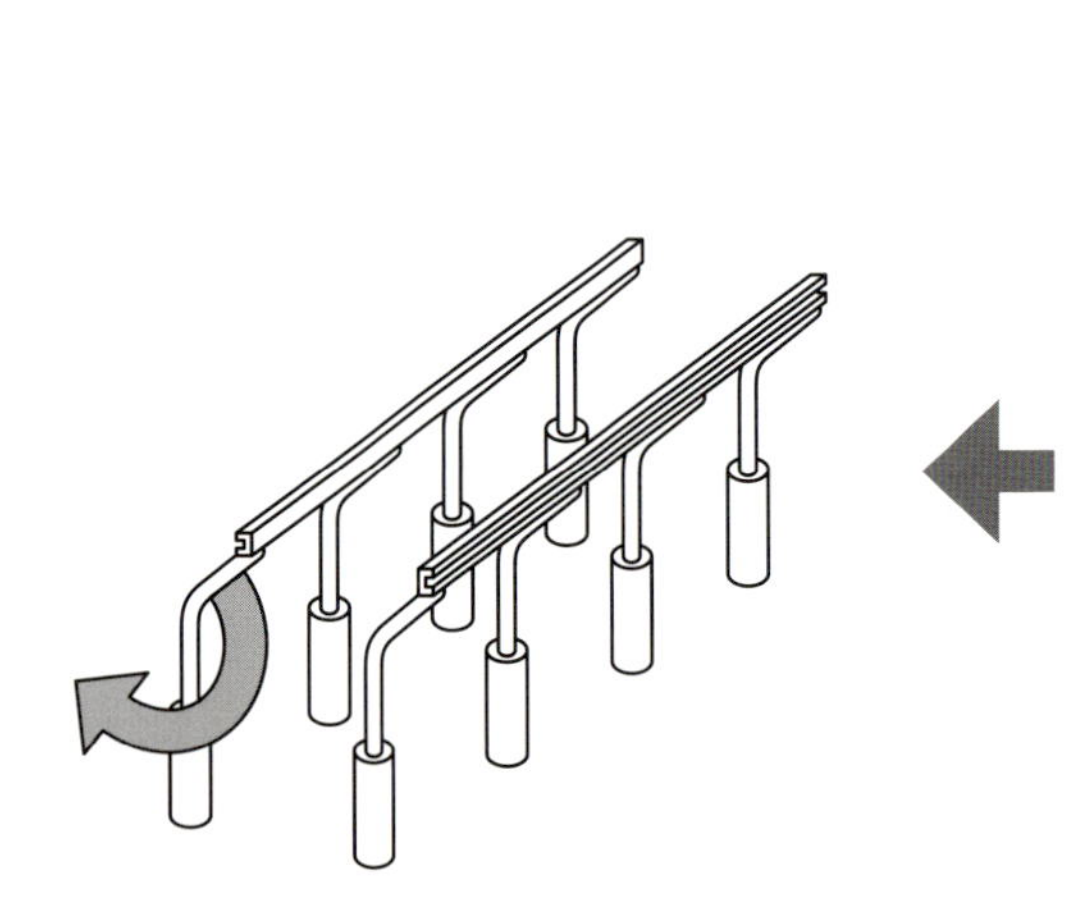
矢印方向に引けば閉まる

「フィルムの汚れが少ない」と好評です。

直管パイプとフィルム留めのシンプル構造

簡易開閉式トンネルの構造は図の通りです。七〇cm程度に切断した直管パイプ（直径二二〜二五mm）を一・五m程度の間隔で立てて脚部とします（三〇cm程度地面に埋め込む）。その脚部パイプに、一回り細い（直径一六〜一九mm）アーチパイプ（直管パイプを加工）を差し込み、上端をフィルム留め部材でつなぎます。フィルムをスプリングで固定し、アーチパイプの上から垂れ下がるように左右にかぶせて完成です。

長さ四八mのトンネル（高さ〇・九m、幅二m）を設置する場合の経費は約六万円となります。必要な部材は簡単に購入できますが、直管パイプをアーチ状に加工する必要があります。施工時には固定パイプの間隔とフィルム留め部材に開ける留め穴の間隔を正確に合わせることが大切です。

このトンネルは、施設園芸における野菜、花き栽培の保温対策に利用可能な簡易な設備であり、トンネル幅や高さはパイプの長さを変えることで調節でき、多重被覆も可能です。現在、広く利用してもらえるように、より設置しやすい形での商品化を進めています。

現代農業二〇一三年三月号
ワンタッチでラクラク
簡易開閉式トンネル

一人でも張れる マルチ&トンネル張り器

高知県・永田貴久さん（編集部）

子どもの一輪車の車輪を利用し、鉄材でフレームを作った。左右をつなぐ鉄棒は取り外し可能で、バラして倉庫にしまえる。また、脚を地面に刺せば、ビニールやマルチをピンと張ったまま、ひと休みできる。

現代農業二〇一四年三月号
一人でも張れる
マルチ&トンネル張り器

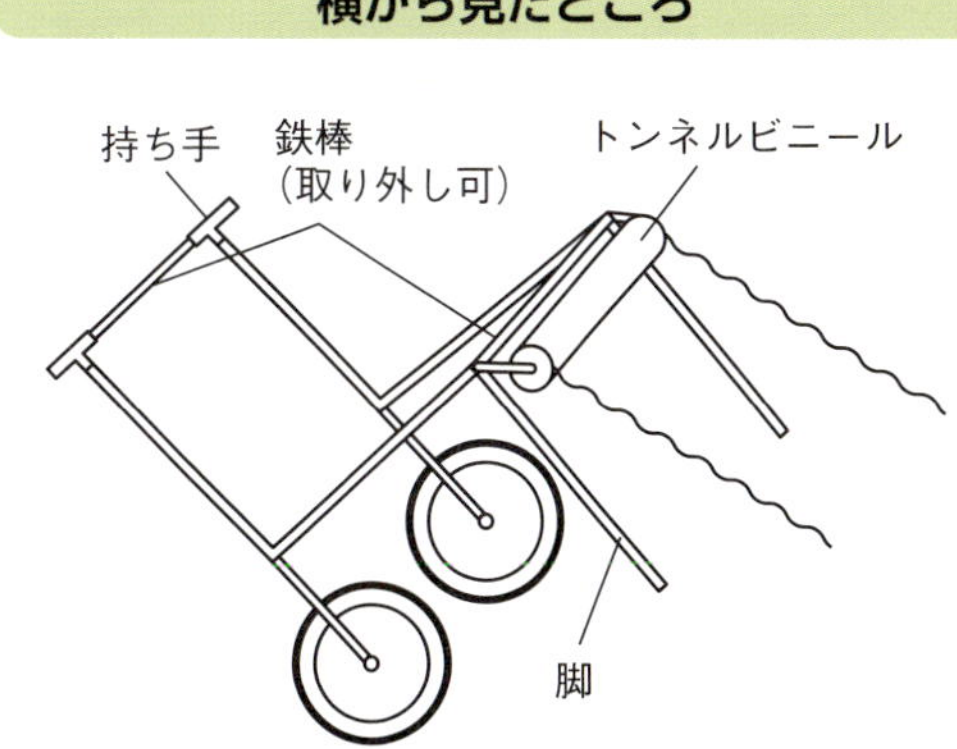

端を固定しておけば、子ども1人でも片手でトンネル用ビニールやマルチを張れる

クルクルでラクラク

糸巻き式トンネル開閉装置

北海道宗谷農業改良普及センター・江川厚志

写真1　開閉作業が早く開閉程度を細かく調節可能

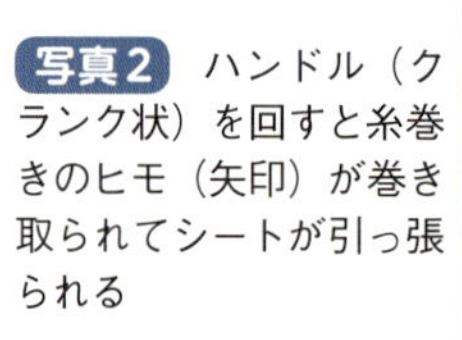

写真2　ハンドル（クランク状）を回すと糸巻きのヒモ（矢印）が巻き取られてシートが引っ張られる

二〇分の開閉作業が二分で終わる

北海道名寄市の村岡幸一さんが、イネやタマネギなどの育苗に際して、トンネル管理をする奥さんの負担を減らすために作ったのが「糸巻き式トンネル開閉装置」です。

シートを固定したビニペットを、繋いだ合繊ヒモで引っ張って開閉する仕組みとなっています。これにより、五〇坪ハウスの場合、一人で二〇分かかっていた開閉作業が二分程度でできるようになり、大幅な作業時間の短縮となりました。

開閉程度の調節が可能に

また、従来はシートで完全に覆うか、逆に開けてしまうかしかなかったのが、開閉程度の調節が可能となり、生育に適した温度管理ができて生育ムラも少なくなりました。規模拡大や高齢化で労力負担に苦しむ農家にはおあつらえ向きです。

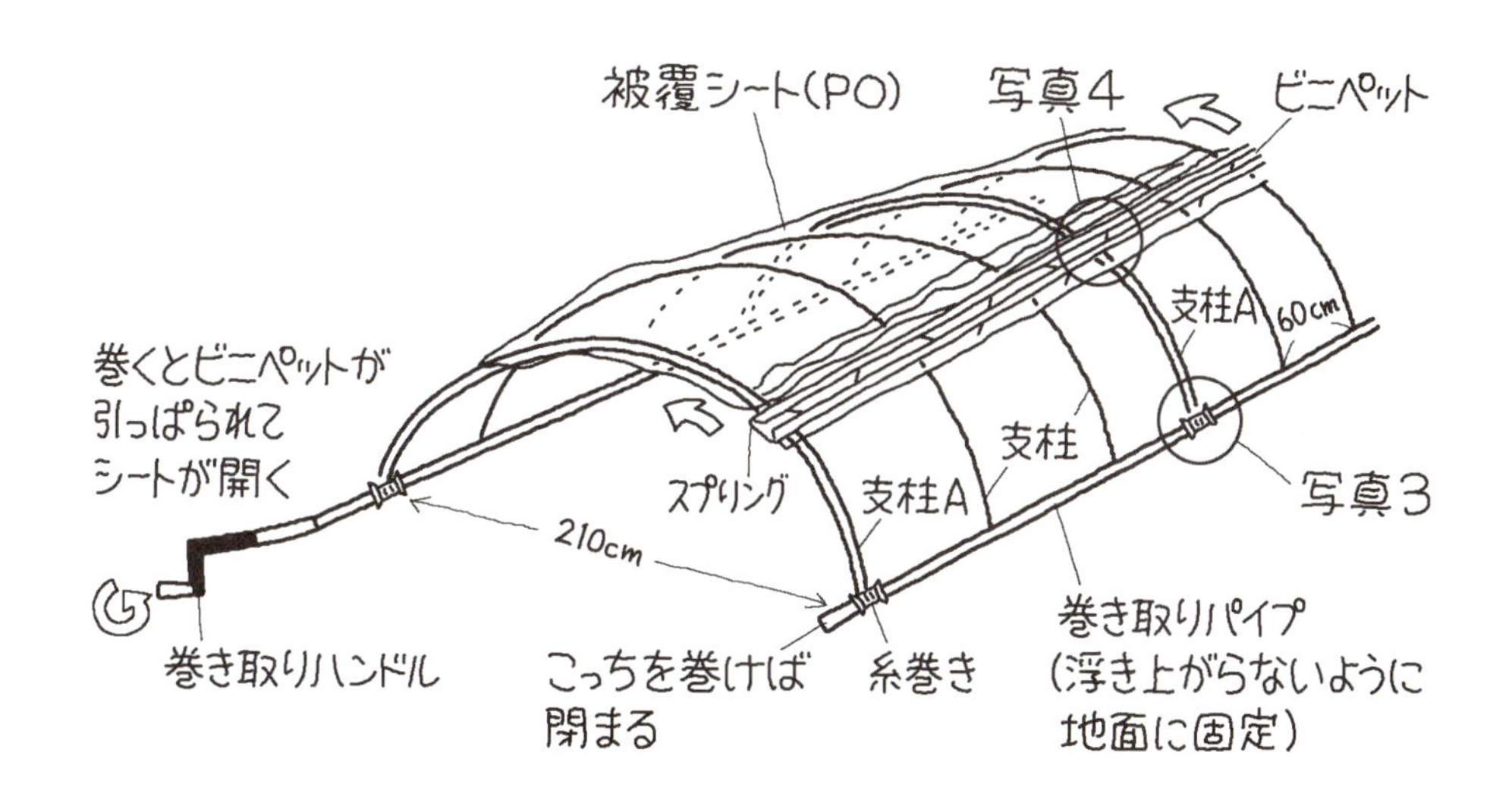

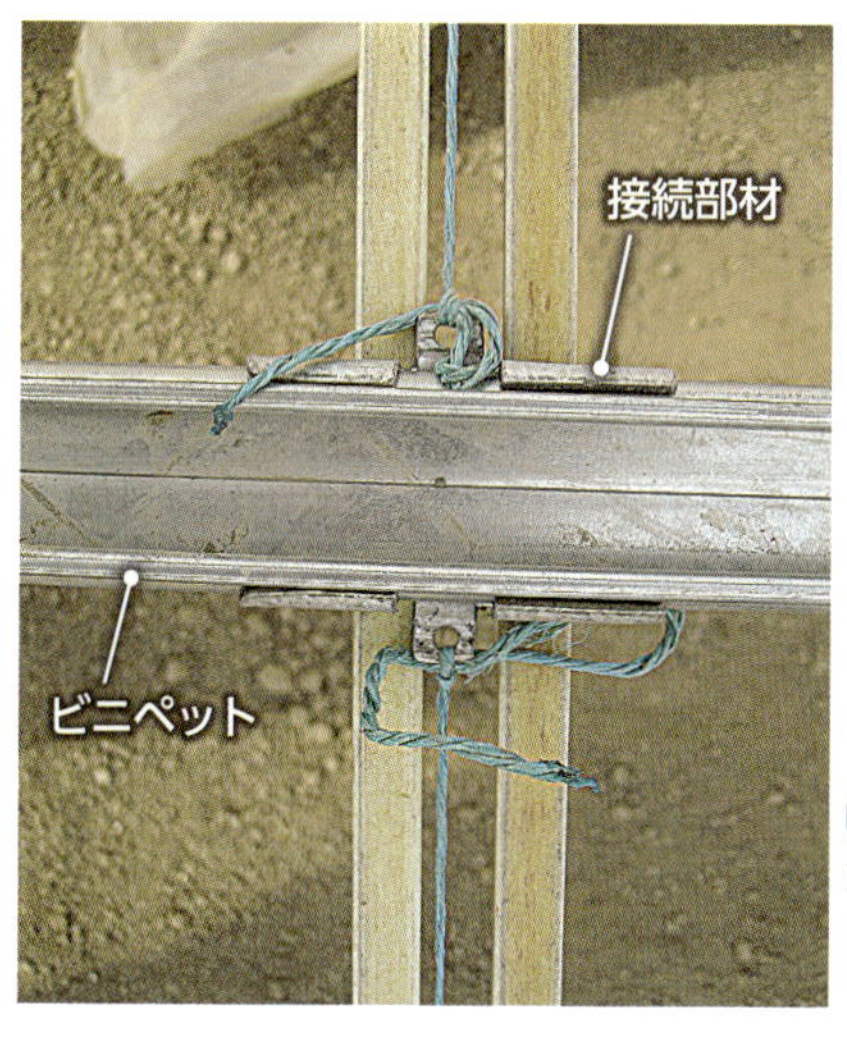

写真4 市販品を加工した接続部材にヒモ(太さ3㎜程度)を結ぶ

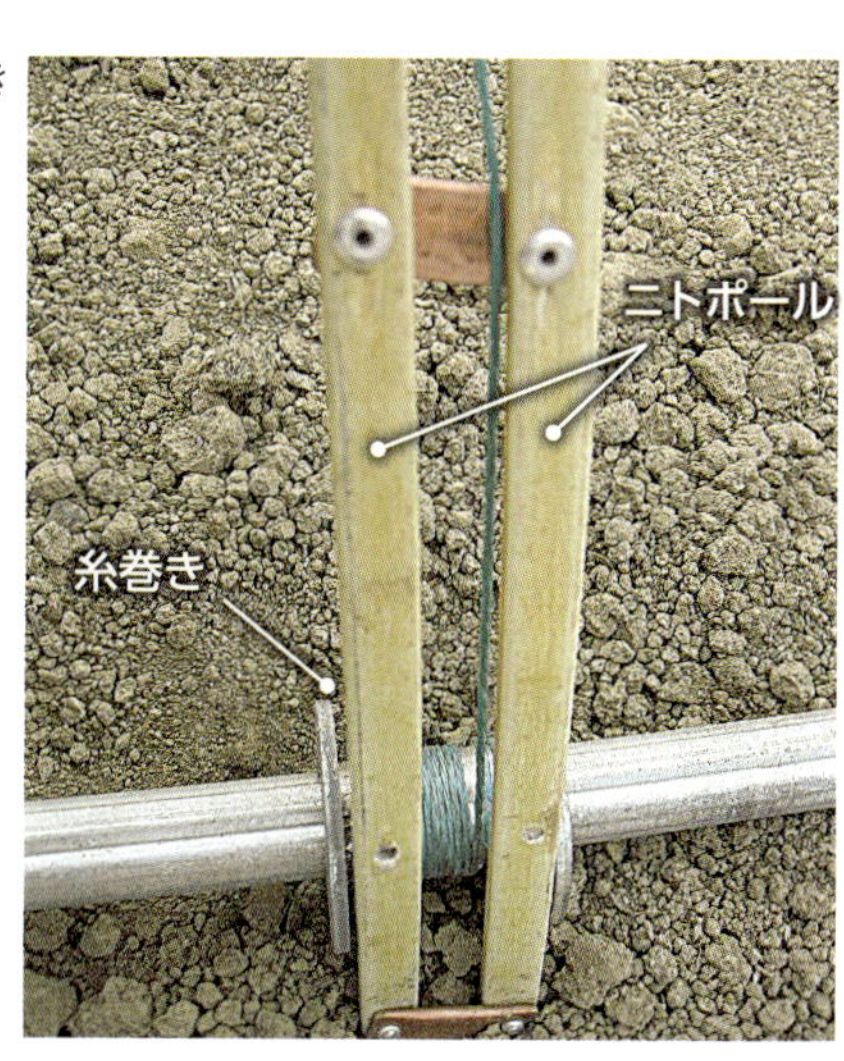

写真3 1.8mおきに設置する支柱A

巻き上げパイプをクルクル回して開閉

まず、トンネル支柱(ニトポールT型)を六〇cm間隔でアーチ状に設置し、その二本おきに支柱A(ニトポールT型二本を梯子状に組み立てたもの)を配置します。トンネル両側に二本の巻き上げパイプ(一九㎜のリブラントチューブ)を設置し、支柱Aの設置間隔に合わせて糸巻き(合繊ヒモを巻き付ける)を装着します。

トンネルの長さと同じ長さに連結したビニペットには、支柱Aと接する点に接続部材を装着し、糸巻きから伸ばしたヒモの先端をそれぞれ結びます。最後に被覆シートを広げ、一端をスプリングでビニペットに留めて完成です。

巻き上げパイプにハンドルを差し込んで回すと糸巻きにヒモが巻き取られ、連結したビニペットが引っ張られてシートが上がったり下がったりする仕組みです。どの位置でもビニペットを静止させることができるので、微妙な換気や温度管理が可能となるわけです。

現代農業二〇一三年四月号
クルクルでラクラク
糸巻き式トンネル開閉装置

被覆ビニール巻き取り機

レタスのトンネル用ビニール五〇mを一分で回収

千葉県・井月 豊

私は一・五町歩の畑でレタスを作っているのですが、トンネルの被覆ビニールをまとめるのが、たいへん手間のかかる作業でした。そこで今から一〇年ほど前、五〇mのトンネル被覆ビニールを一分ほどで巻き取れる、便利な巻き取り機を作りました。今でも調子よく使っています。近所からも一〇台ほど注文がありました。

部品はほとんど廃品です。ビニールを整えるガイド部分だけは強度が必要なので、鉄工所で加工してもらい、五〇〇〇円ほどかかりました。残りの溶接、組み立ては、全部自分でやりました。

「被覆ビニール巻き取り機」このようにガイド部にビニールを通し、実際に使うときは2人で両側からビニールをひっぱって整えながら巻き取る

持ち運びに便利なよう、総重量を軽くするために、草刈り機の二サイクルエンジンを使いましたが、これに合う、ちょうどいいギアがなくて、苦労しました。農機具店で田植え機のギアを探したのですが、ヤンマー田植え機のもの（七〇対一）だと回転が速すぎて、ビニールを整える作業が追いつきません。クボタのギア（八〇対一）だと、調子よく巻けました。

現代農業二〇〇二年十二月号
レタスのトンネル用ビニール五〇mを一分で回収
被覆ビニール巻き取り機

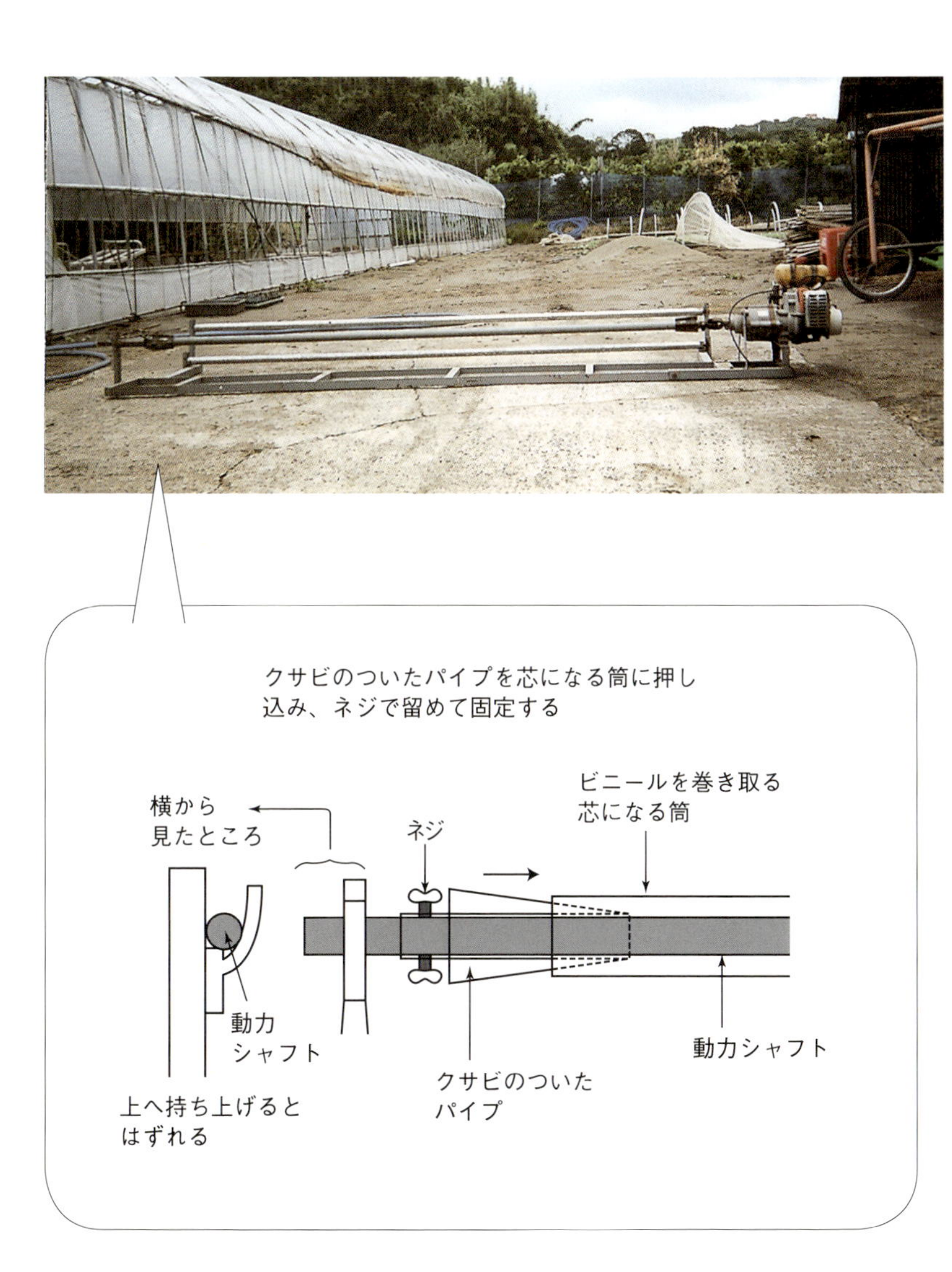

寒冷紗、不織布、「寸足らず」トンネル
かけっぱなしモノグサ路線で行こう!

栃木県・島田ミエさん(編集部)

自転車で自動車で、あるいは徒歩で、ひっきりなしに人がやってくる。だから、島田ミエさん宅は、女手ひとつの農業なのに、いつもにぎやかだ。やれ健康診断の結果が悪かっただの、やれどこどこのせがれが結婚しただの……、しかし、茶飲み話としては、野菜づくりの話題が一番盛り上がる。

トンネル新発見

シュンギクは寒冷紗トンネルでいける

▼連続どりに失敗、冬が越せない!?

一人目の訪問客にミエさんがこう切り出した。

「今年はシュンギクが青々としてるのよ。やっぱりトンネルだと違うわね」

シュンギクといえば、直売所でも売れ筋商品のひとつ。ミエさん自身も大の好物で、鍋に入れたり、茹でたり、白和えにしたり、あの独特の香りがなんともいえない。だから、葉かき収穫しては再生させる「一株連続栽培」に挑戦してみたのだが、これがまたさんざんな結果に。秋口にタネを播き、年内に収穫する作型である。

「そのまま株を残しておいても、霜でまっ黒くなっちゃう。ホウレンソウやカキナはなんともないのに、シュンギクだけは違うの

寒冷紗トンネルの中のシュンギク(3条播き)。真冬の状態。同じ株で、すでに2回収穫を終えた。霜にもやられずまだ青々としているので、まだまだ収穫できそう

ダンポールに寒冷紗がかぶせてあるだけ。裾の片方は土に埋め込んであり、もう片方は留め具で留めてある。収穫時以外、一切、開け閉めしない。途中、破れている個所があるが、そこはご愛敬。なにせこの寒冷紗、30年も使い続けている

ね。冬を越せない作物みたい」

とはいえ、直売仲間はみんなハウスで冬を乗りきっている。「いいな」と羨んでみても、まさか今さらそこまではできない。

反対に、早めの播種で、作型自体を前進させてはどうか。虫がたかるので、要は「農薬がイヤ」なので、これもボツ。そもそもシュンギクは、気温が高いうちは、さっぱり売れないそうである。やっぱり、鍋の時期でなければ……。そんなわけで、トンネル栽培に行きついたわけである。

▼ビニール＋寒冷紗で、すくすくと再生

ミエさんは、夜眠る前、布団の中であれこれ考える。トンネルかぁ、換気のために、サイドを開け閉めするのはせわしないなあ。マイカー線でガッチリ留めれば丈夫になるけど、まあそこまではいいかな。

島田ミエさん。約50ａの畑で野菜をつくり、直売所で販売している

結論として、「手間かけず、トンネルかけっぱなし」路線。モノグサで行くことに決めた。まず、支柱の長さとビニールの幅をあえてチグハグにして、両裾が地面に届かないようにする。つまり、「寸足らず」な状態。ビニールを留めるのも四隅（トンネルの両端）のみで、上から寒冷紗で覆い、その両裾を土に埋め込む。これで完成。寒冷紗がビニールを押さえ込む格好になっていて、なおかつ密閉もされていない。下から風が通るので、換気いらずである。

「一回目の収穫を終えて、このトンネルにしてみたら、シュンギクがツツッとまた勢いよく伸びてくるのよ。泥跳ねしないから、葉っぱもきれい」

年内に二回どりできたわけである。しかし、ここまで話して、ミエさんは急に顔を曇らせる。茶飲み友だちも、なんだどうしたと気にかける。

▼強風対策でいっそ寒冷紗だけに、霜よけにもなる

二回目の収穫を終えたあと、「ピューッとすごい風」が吹き、ものの見事にビニールが飛ばされてしまったそうである。それでもミエさんはめげない。「ダメならダメ」の精神で、今度は寒冷紗だけのトンネルにしてみた。風を通すので、これなら飛ばされる心配もない。

「網になってるから、どうかと思ったけど、これで案外霜よけになるのね。十分保温できている。春にはまた新芽が出るでしょう」

その後も、友だちと二人して寒冷紗は偉大だと話が弾む。ちなみに、ミエさんのそれは三〇年物。

「ビニールだと年々新しくしないとダメだから、お金もかかるし、なにより買うのが面倒。その点、寒冷紗ならずっと使えるでしょ」

スナップエンドウは不織布で超小型トンネル

▼無事に生き残った！

続いて、二人目のお客さんに対しては、こんな具合であった。

「今年はスナップエンドウが生き残ってるのよ。この分なら、大丈夫そう」

十一月中旬播種で、春一番の五月どり。のはずだが、これも寒さや霜には滅法弱い。せっかく発芽したのに、茶色く変わり果て、根も張れず、下手したらそのまま「なくなっちゃう」こともあるという。前作など特にひど

くてほぼ壊滅状態、苦い苦い思い出である。

だから、ひとまずトンネル栽培で巻き返しをはかることにした。ただ、こちらは小規模なので、さらにモノグサな超簡易版。まず、支柱の組み方からして違い、使う資材もはなから不織布（パオパオ）のみである。

「寒冷紗よりも不織布のほうが、あったかいかなーと思って」

これも、開け閉めいらずで、風にも飛ばされない。雨水を通すので、乾燥も防ぐ。さらに虫除けにまで。

トンネルとマルチ、昔と今

連続して、ダンポールをバッテンに組んである。その上から不織布を被せるだけ。両裾は土に埋める。スナップエンドウは量が少ないので（1条播き）、このように背丈も低く、幅も狭い、小型トンネルとした。春、生育が進んだら撤去する

トンネルの開け閉めがイヤ

▼「寸足らず」トンネルで換気いらず

もっともミエさんは、トマト、ナス、ピーマンなどいわゆる夏野菜にも、定植直後から一定期間、トンネルをかけている。初期生育をよくして「早どり」するため、または、雨風をしのいで病気にかかりにくくするため。昔からの習慣である。こちらは天井が高く、マイカー線も使い、比較的頑丈な作りとなっている。紆余曲折ももちろんあった。

まずは換気の問題。昔は朝早く起き、「さあて、トンネルを開けてこよう」とやる気満々だったが、それははっきりいって若かったから。ラクするために穴あきフィルムを導入しつつ、最終的には裾上げっぱなし「寸足らず」トンネルに移行していくことになる。

また、保温効果を高めるために、分厚く丈夫な農ビ（農業用塩化ビニールフィルム）を買うも、その重いこと。一人で張るのは到底ムリで、結局あきらめてしまった。今では、スッスッと軽く運べる農ポリ（農業用ポリエチレンフィルム）を使うこともある。「温度を上げるにはポリよりもビニールだけど……」と、その点はミエさんも重々承知しているが、夏野菜の定植は五月の連休頃なので、保温の面では問題ないと判断している。

いっぽう、トンネルの骨組みには、クネクネと曲がるあのダンポール。軽いので大量に運べるし、細いので抵抗なく土に刺せる。

マルチは地温を上げるため、草を抑えるため

▼黒マルチを愛用、その欠点も補う

最後に、マルチの話も少し。色、厚さ、機能性など多々ある中で、ミエさんは根っからの「白マルチ（透明マルチ）」派であったという。しかし、草がやっかい。マルチが浮き上がるほどの勢いで、手を突っ込んでは除

タマネギ畑。5列分の植え穴があいている黒マルチを使う

タマネギで使用したマルチを捨てずに再利用。手前はサニーレタス。奥はニンニク

草、また手を突っ込んでは除草……。

もうコリゴリで、草の生えない「黒マルチ」に替えてしまった。ただし、黒は地温が上がりにくい。そこでミエさんは、マルチ張りを前倒しすることにした。春は定植の一週間前、あるいは二～三日前でもいい、植え穴なしの新品を使うのがミソで、それで密閉空間をつくりだす。すると、地温がぐんぐん上がり、定植の頃にはすでに「手がヌクーッとする」ほど温まっている。これなら、土中の害虫退治にも期待が持てそうだ。

とはいえ、真夏もこのままでいいのだろうか。気温三六～三七度の日が続けば、「根が焼けちゃう」のでは？　そんなことを思い、ミエさんは暑くなったらマルチをはがし、株元に寄せてみたりもした。しかし、今は持ち前のモノグサも手伝って、マルチはそのまま、上からムギワラを被せるだけにしている。これでも暑さは「軽くなっている」はずである。

以上がトマト、ナス、キュウリ、カボチャ、スイカなど夏野菜の話で、他に例外として、タマネギが挙げられる。こちらは、最初から植え穴五列の黒マルチを使っている。株間といい列間といい、サニーレタスやニンニクにもぴったりなので、保存しておいてはまた使いまわしている。

現代農業二〇一四年三月号
わたしは「モノグサ」
トンネルで行く

水やりもラク、トンネル代わりに
焼酎ペットボトル

兵庫県・川崎武美

私は二〇〇五年にサラリーマンを卒業し、自家野菜を栽培し始めました。栽培面積は七aくらいありますが、五ヵ所に分散しているため、品種や連作障害を考慮し植えています。今の時期（十一月末頃）に植わっている品目は、サトイモ、ラッカセイ、ショウガなど二五種類。年間だと四〇種類くらいになります。

▼焼酎の空きボトルを苗にかぶせた

私は、母親譲りで糖尿病の傾向がありますが、晩酌を毎日楽しみにしています。ビールや日本酒を極力控えなくてはならず、もっぱらウイスキーや焼酎に頼っています。

焼酎は五ℓボトルを飲んでいて、空きボトルが一ヵ月に約一本出ます。このボトルを廃棄処分するのは大変なボリュームとなり、妻からこんな空を捨てるのに、なぜ大きなビニール袋を準備しなければならないのかと言われ続けていました。

種々考慮したあげく、四月中下旬に買ってきた夏野菜苗の定植後にビニール袋をかぶせていたので、その代わりにこのボトルを利用することにしました。定植直後からボトルいっぱいに苗が大きくなるまでかぶせてみたら意外とうまくいきました。苗にかぶせられるようにボトルの底は切り取ります。散水もボトルの口から入れることができ、案外便利です。

▼ボトルのストック方法

ボトルを使い終えると、次に使う時までストックするわけですが、数が多いと大変な場所を必要とします。しかし、ボトルを縦に重ね吊るすことを思い立ち、今では最小のエリアですんでいます。

このボトルを使用して栽培している野菜は、夏野菜では、ナス、ピーマン、オクラ、キュウリ、スイカ、メロン、カボチャなどです。晩秋の時期は、エンドウマメとチンゲンサイの防霜対策に使用しています。

さらにいい活用方法があれば、ご教授いただければ幸いです。

焼酎ボトルと筆者

焼酎ボトルを縦に重ね、真ん中にヒモを通して天井から吊るしてストック。こうすると場所をとらない」

現代農業二〇一四年三月号
水やりもラク、トンネル代わりに
焼酎ペットボトル

かぶせれば接木苗の活着率一〇〇%

透明ポリポット

宮城県・ジャット東北支店　菅原孝一

青森県つがる市の木村さんは、一九〇aの畑でメロン一五〇aとスイカ四〇aを栽培する専業農家です。三月下旬にメロンの育苗ハウスを訪問した際、見慣れない光景を目にしました。

一〇・五cmの黒ポットに植えられた苗の上に、透明の九cmポットをかぶせているのです。なんのためにと目的を伺ったところ、「この方法だと接ぎ木した苗が確実にモノになる」と言うではないですか。

木村さんの育苗中のメロン苗。透明の9㎝ポットがかぶせてある

木村さんは一〇年ほど前に、この透明ポットを使う裏ワザをある種苗メーカーの技術者の方から教授されたと言います。透明ポットは、ポリのトンネルから落下する水滴で穂木が台木より外れるのを防ぎ、生長点に水滴がかかって生育不良になるのも防ぐことができます。また、ポットの底には穴がありますから、過湿にならず、温度を保ち、温度の上がり過ぎを防ぐこともできます。教わった翌年から実践し、その後は毎年一〇〇%の活着率を得られているそうです。

大事なのはかぶせるタイミングと期間。接ぎ木する二～三日前から培土の湿度と温度を保つ目的でかぶせ、接ぎ木後約五日間そのままにしておきます。

木村さんの育苗時期は三月です。三月とはいえ青森県は外気温がまだまだ低く、日照も少ない時候です。したがって、接ぎ木は条件のよい晴れた午前中に行なっても八〇%程度の活着率。これでも上々の成績ですが、木村さんは毎年一〇〇%です。

この方法は、キュウリやスイカにも使えます。しかし、キュウリやスイカでは大きな葉が出る台木を使うので、子葉片葉接ぎ等の一工夫が必要です。

現代農業二〇一四年三月号
これで覆えば接ぎ木の活着率一〇〇%
透明ポリポット

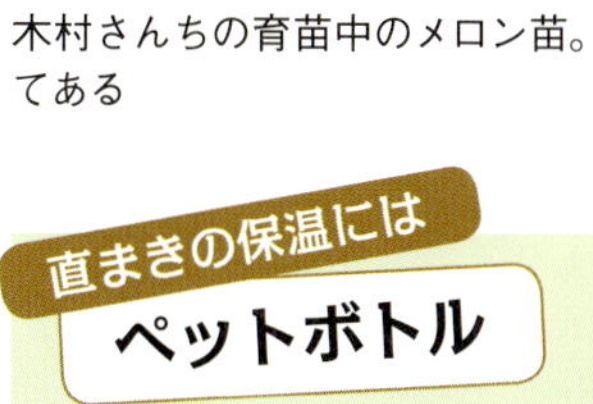

京都府・南(みなみ) 洋(ひろし)さん

京都市の南洋さんは、果菜類や葉菜類を直まきした直後に底を切り取ったペットボトルをかぶせている。こうすると育苗の手間が省けるうえ、高価な保温資材を買わなくてすむ。露地まきより10日も早くタネがまけるし、作物の生育が促進され、水をやらなくても適度な湿度を保ってくれる。風や雨、また害虫からも苗を守ってくれる。

現代農業2014年3月号
直播きの保温にはペットボトル

資料1

●マルチの種類

機能別分類	資材名	備考
地温上昇	透明ポリフィルム	厚さ 0.015 ～ 0.03mm
雑草防止	黒色ポリフィルム	厚さ 0.02 ～ 0.03mm、黒色・銀ねず
地温上昇＋雑草防止	グリーンマルチ	アザヤカグリーン、エメラルドグリーン、ブルーグリーン、ダークグリーン等多様な緑色がある
	バイオレットマルチ	
	ブラウンホットマルチ	
	配色マルチ	植付け部分のみ透明
	ホオンマルチＢＵ	可視光線を遮断し赤外線を透過
	サンブラックマルチ	石灰配合で保温性高い
	暖々マルチ、保温マルチＢＵ	特殊酸化鉄配合で保温性高い
反射光利用地温上昇抑制	デュポンタイベック	透湿性があり、気化熱による温度低下
	ミカクール	
反射光利用地温上昇抑制＋防虫	アルミ蒸着フィルム	フィルム材質に各種あり
	三層シルバーポリ	三層構造シルバーフィルム
	ホワイトシルバー	
	シルバーポリトーＮ	
	ムシコンワイド	
	ムシコンセミワイド	
	ムシャット	表面に銅イオン配合層
反射光利用地温上昇抑制＋雑草防止	チョーハンシャ	特殊資材で反射性高い
	白黒ダブルマルチ、ドリームマルチ白黒、リバースマルチ白黒、Ｂ＆Ｗマルチ、ツインホワイト、こかげマルチ、こかげマルチデラックス	白色に黒色で裏打ち
	銀黒ダブルマルチ、銀黒マルチ、リバースマルチ銀黒、ツインマルチ、シルバーＳＳ	シルバーに黒色で裏打ち
	白黒サマーマルチ	白黒・銀黒ダブルマルチに通気孔
	銀黒サマーマルチ	
防虫＋雑草防止	ＫＯマルチ	透明、黒色、グリーンの３種類
	ヒムシー	
	ムシコン	銀線印刷フィルムで、地色は透明、黒色の２種類
植え穴設定対応	有孔マルチ、ホーリーシート、	各種マルチに組み合わせて、植え穴設定
	ボアシート、スミホール等	
条播、散播対応	メデルシート	帯状の切れ目により条播、散播可能
	芽出しマルチ	
生育中除去作業の省力	らくはぎマルチ	連続的な切込みで生育中のマルチ除去を省力
菌類の増殖抑制	抗菌マルチ	銀ゼオライトの抗菌効果
生分解性	キエ丸、ビオフレックスマルチ、ビオフレックスマルチ BP、ナトューラ、コーンマルチⅡ、サンバイオ、サンバイオＸ、キエール、野土加、ビオトップ、バイオトップ、カエルーチ、Ｂ－ＰＡＬ	黒色、透明、乳白色等
有機物マルチ	稲・麦・牧草等のわら	果菜類等の敷わらとして有効。窒素飢餓に注意
	ヘアリーベッチ、マルチムギ等	主作物の作付け時やそれ以前に播種し、叢生時期から自然枯死期もマルチとして利用できる

資料2

●機能性被覆資材の機能、用途と製品例

主な機能性	用途	フィルム素材等	製品例
保温力強化	外張り	農ビ	ダンビーノ　等
		PO	スーパーキリナシ、クリーンアルファ 21、トーカンエースとびきり、ふくら～夢（空気膜ハウス用）　等
	内張り	農ビ	ヌクマールさらり Z、カーテンサンホット　等
		PO	快適空乾 (水蒸気透過の微細孔)、オービロン　等
		(中空)	サニーコート、エコポカプチ、ハイマット、スカイコート暖感（空気膜）　等
		その他	ハイブレス（吸水・透湿性)、ニュー無天露、XLS スクリーン、スーパーラブシート、XLS　等
	トンネル	農ビ	サンホット、ヌクマール、スーパーホット　等
遮熱・昇温防止	外張り	農ビ	あすかクール　等
		PO	メガクール、ハイベールクール、ベジタロン夏涼　、スーパーキリナシ梨地、等
	内張り	PO	トーカンホワイト 40
		その他	ダイオクールホワイト、サンサンハイベールクール、タイベッククールエース　XLS 等
透湿・吸湿・通気資材	内張り	PVA、PVA+PE、PVA+ アルミなど	ダイオハイブレス、カラぬ～く、ビーナスライト、サンサンカーテン
長期展張※	外張り	硬質系	エフクリーン、シクスライト　等
		PO	タイキュート 007（10 年展張）
中期展張※　3～5年程度	外張り	PO	クリンアルファ 21、ベジタロン健野果、ベジタロン花野果、ダイヤスター、アグリスター、スーパーソーラー　等
作業性改善	外張り	農ビ	エコサイドクリーン SE、ノンキリーあすか片端タニカン（以上、シボ入り）　等
	内張り		カーテンラクダ　等
	トンネル		ギザトン、ささやき（以上、シボ入り)、ノービエースみらい　等
近紫外線透過（強調）	外張り	農ビ	クリーンエースだいちなす・みつばち、いちご　等
病害虫対策　紫外線除去 (UVC)	外張り	農ビ	とおしま線、カットエース　等
		PO	ベジタロン健野果 UV カット、ダイヤスター UV カット　等
		硬質系	エフクリーン GRUV　等
	トンネル	農ビ	カットエース、ロジトンとおしま線
病害虫対策　防虫ネット	外張り	その他	強力ダイオサンシャイン（ネットハウス）
	(開口部)		ニューサンサンネット、サンシャインスーパーソフト Q（0.3mm)、ファスナーネット（妻面用）　他
	トンネル		ダイオサンシャインクール（昇温防止）
耐薬品 (硫黄) 性	外張り	PO	クリーンアルファ 21　他
	内張り		タフカーテン　他
土壌消毒用		PO	バリアースター　他
マルチ	生分解性マルチ		ビオフレックスマルチ、土気流、コーンマルチ、サンバイオ、ビオマルチ、キエ丸、マタービー、エコフレックス　他
	果実着色促進等		OH! 甘マルチ WB（耐久性、防草)、ツインシルバー、タイベック他
	病害虫忌避		ムシガード、ツインマルチ、シルバー SS　、ボーチューシルバー L 他
	昇温防止		ツインホワイト、こかげマルチ、ブラック & ホワイトマルチ、シューサク、タイベック　他
べたがけ用			ベタロン（吸水・透湿性)、パオパオ、パスライト　他

注）展張期間は明確に定義されているわけではない。ここでは、展張期間 3～5 年程度のものを中期展張とした。メーカーのカタログ等を元に主な機能性を中心に分類したが、機能および用途は一例であり、複数の機能や用途を持つ資材が多い

資料1、2ともに日本施設園芸協会編『施設園芸・植物工場ハンドブック』（農文協）より転載

本書は『別冊 現代農業』2016年1月号を単行本化したものです。

著者所属は、原則として執筆いただいた当時のままといたしました。

農家が教える
マルチ&トンネル
——張り方・使い方のコツと裏ワザ

2016年12月15日　第1刷発行
2021年6月15日　第6刷発行

農文協　編

発行所　一般社団法人　農山漁村文化協会
郵便番号 107-8668 東京都港区赤坂7丁目6-1
電話 03(3585)1142(営業)　03(3585)1147(編集)
FAX 03(3585)3668　振替 00120-3-144478
URL http://www.ruralnet.or.jp/

ISBN978-4-540-16169-8　DTP製作／農文協プロダクション
〈検印廃止〉　印刷・製本／凸版印刷㈱

定価はカバーに表示